大展好書 好書大展

四　季　的　搭　配

顏色之協調性是首要之關鍵

以白色、深藍色這兩種明快的顏色搭配，結合如春天般清爽感覺的寬鬆外套裝束。

將圖案及釦子突破顯出來的金黃色，則營造出整體的美感。

SPRING

白底黑點的花色不會退流行，可以時時予人新鮮的感覺。在衣領或配件上，若採用黑色來搭配，可使人感到十分優雅，若搭配白色的話，則是予人清爽感覺的服裝。

一次不要使用三種以上的顏色

在顏色的使用上，有必須遵行之規則。規則並不是很多，主要是不要一次使用三種以上的顏色。

SUMMER

充滿朝氣、清新之魅力的搭配服飾。有著法式衣袖的短衫的衣領上，以黃金色的線條來點綴，也是很漂亮的。帽子以及鞋子以白色做為基本色調，亦能予人整潔的感覺。

的，但是，適當地搭配三種顏色，可說是裝扮的入門。

首先，主要的顏色，分量要最多，決定基礎的色調。

當然，只有一種顏色或兩種顏色也都是不錯，是能使人印象突顯的重點顏色。

主色、副色及重點顏色的比例。請記住是大約六比三比一。

例如，這是深藍、白、紅的情形下，就叫做三色旗。

善於將華麗的紅色和黑色一起搭配的話，是非常高貴的，並能營造出沈穩的氣氛。此時，若穿著薄薄的黑色絲襪，則更能顯出高雅的氣質。

AUTUMN

然後，補助色要考慮用和主色對比的副色。最後這三種顏色的搭配法，十分容易理解，能予人朝氣蓬勃的感覺。

將基礎完全熟練的話，就可藉著將這協調感微妙地分解，易於營造出更成熟的感覺或表現出優雅的感覺。

穿著許多顏色混合而成的蘇格蘭呢，是件令人愉悅的事。但是，在與其他的顏色搭配上，比起素色的衣服，更需要高一點兒的技巧。在配色的顏色中選出一色來搭配是很普遍的方法。

如火般燃燒的紅色外套是非常美麗的。為了要能穿出紅色的精神來，盡可能地控制顏色數量是主要關鍵。在黑色的連衣裙上再穿質地較厚的緊身褲，也是很好看的。

WINTER

毛料的外套是寒冬的必需品。在深藍色的衣服上採用金質的釦子，可使短大衣成為萬能的搭配服裝。並可在手套上，選擇自己喜歡的顏色。

婦幼天地

22

高雅女性裝扮學

渡邊雪三郎／著

陳珮玲／譯

大展出版社有限公司

DAH-JAAN PUBLISHING CO., LTD.

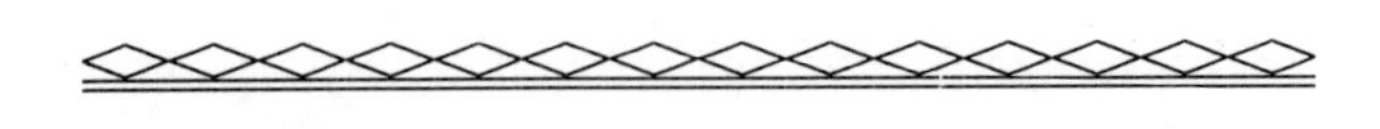

序　言

即使是一件洗得泛白了的棉質襯衫，只要能夠吸引以裝扮之名為本的穿者的心，對此人來說，會覺得是多幸福的事啊！實際上，我還記得第一次穿上棉質長褲時的驚訝與舒適，那記憶至今仍清楚地留在腦海中。以那天為界，那些將我包圍住的世界突然寬闊了起來，開始感到似乎有種類似自信的感情，從我體內湧現出來。

使每天的生活充滿亮麗色彩，充分顯現出穿者的心情，在不知不覺中，此氣氛就會傳播給周遭的人們，在待人接物這方面被溫和的（穩定的）空氣所包圍的美好感覺就是這點，才是裝扮所持的最大力量。

我之所以想要出版這本書，無非是為了傳達能與如此之裝扮方式相遇的感激，以及雖只有一點，但仍想要傳達給老是抓不住裝扮要點的讀者們訊息。而且，也因想要以現在的我來使大家知道，只會基本裝扮的年輕時代所該切身注意的，以及該溶入生活習慣的重點。

今天，在我們生活的周遭裡，引人入勝的時髦服裝（流行）接連地不斷出現，每次都很引人注目。但，以跟隨流行為主的人，有些會被這股潮流推著走，甚至失去了自我，也有些人被留在流行之中，卻有著寂寥感。這些現象會這麼多，仍然還是因為沒能好好掌握裝扮的基礎才會發生的。想到盡情地享受時髦，以及想要更自由地穿著流行，首先要把基本的理論切記在心，才是最好的捷徑。

即使很少，只要這本書能增添諸位生活的豐富性，並能有所幫助的話，就是我的幸運。

目錄

目　錄

第二章　四季的服裝及搭配性的實際性

第三章　要成為大人的必須科目「標準衣著規則」

第四章　追求美的「妝扮技巧問與答」

第一章

變得更美麗的「裝扮的根本基礎」

首先就從說「早安」開始吧！

在向以追求真正美麗的年輕女性提出具體的裝扮之建議前，試著將平日身為設計者所考慮到的事物整理一下。

美麗的本質是什麼呢？我想可以說是從說「早安」開始。

覺得太唐突了嗎？

但是絕不是那樣的。

「早安」是我們日常會話的關鍵語。也許可說是會話的代名詞。

試著想想人和自己之間的相互關係吧！

藉著說「早安」這件事，就建立起自己和社會，自己和他人的關係。我想這種問候和裝扮應是一樣的。每一種都是藉著以上那種廣義的接觸，來傳達。

裝扮，是為了傳達身分（identity——與他人不同的真正的自我）的一種記號。所以和「早安」是一樣的。

語言及裝扮是不能只有自己擁有的，是要讓對象理解的。所以無論如何都要說「早安」的話，就要將這種自己想說的心情正確地傳達給對方比較好。因為想要與人溝通的感覺是很重要的，所以我想將此種感覺誠懇地傳達出來比較好。

有想說「早安」的自己，有想說的對象，有向此對象說話的勇氣（感覺）。如此一來，就從說話開始，打開邁向社會的大門。

像說咒語一般地「芝麻開門」說「早安」時，最初的音調、姿勢等，就決定了與此人的關係的情形是有的。

一開始就以明朗的音調來說「早安」，將感覺好好地擴展的話，不僅僅可提高對對方的感覺，應該也可以使自己更高昂。

但是為什麼「午安」、「晚安」不像「早安」這麼重要呢？

早晨是一天的開始。即使昨晚沒有睡好，昨天失戀了，都可藉著爽朗地說「早安」使眼前一片明朗。

裝扮應該也和迎接別人或被人迎接之前提是一樣的吧！

還有，明朗的心，讓人覺得是「細胞」單位。

如果心情愉快時，馬上會影響到肌膚，使肌膚光滑細緻有光澤。

我想這就是因為保持一顆明朗的心所帶來的藥效。

美麗亦是如此。只要一接觸到美事物，就可以感覺到身體被淨化、活性化了。

例如，有朵美麗的花，當這花所發出的幸福的波長，和自己說「早安」的波長相碰時，我想此時美就出現了。

所以，藉著收信及送信的關係，將這句「早安」說得較明朗，較愉快的話，各種美好的事物（美的波長）就自然而然地會蜂擁而來了。

在「早安」這句話的含義中，也包含著見到美好事物時，所說那句「好美！」時的那種天真的誠懇。

但是，一不小心的話，亦蘊藏著變成不誠心的問候之危險性。

若談到有關裝扮方面，很容易變成只是修飾一下自己的儀表、禮節，權宜地使用一些實用性的基本指導，而不用心去裝扮。

還有，若將悲傷或痛苦的感覺直接地形於色的話，就會使所有的東西都令人看起來很悲苦。

會有強迫將這樣的感覺推給別人的情形。但是，若將這樣的情緒自己控制得當，開朗地說聲「早安」，藉著此事，就會使臉變得開朗些，不管穿什麼，都能顯得美麗好看，令人覺得非常有活力。

這些事，全都包含在「早安」之中，並且與裝扮有關。就是因為這樣，所以首先想要從說「早安」開始。

接下來，讓我們來試著想想所謂的品味是什麼？從結論來說的話，我想所謂的品味是非常理論的東西。品味和設計一樣，都是要藉著磨練才能變得高竿。

但是，品味常常被人與創造力混為一談。創造力雖是僅限於人類之存在而自然地湧出的，但品味更需要基本的學習。雖然常有「個性的服裝」這樣的話在耳邊迴響，但是若僅僅是服裝個性化，不覺得這反而變得毫無個性嗎？

還有，與眾不同並不是個性，而是即使外表與別人一樣，卻能表現出不同的，才是個性。

不僅僅是要意識到自己的個性，還要好好地控制基本的部分，這樣才能變成有好的品味。以此種方式來想的話，應該就可瞭解開朗地說聲「早安」有多麽重要了吧！

所以這就是對裝扮及對美的認識上，所不能或缺的事情。

為了知道自己的身材尺寸，就訂做一次衣服吧！

在尺寸上來說，雖有實際上的尺寸和自己穿起來舒服的尺寸兩種，但是不論是哪一種，請第三者量出來的是最好的。

若是已經熟悉了的尺寸，那就沒話說。即使是依照量身或體能狀態的方式，尺寸仍是會變的。感冒時就會有胸部下垂、駝背的情形，也容易疲倦，而在生理期來臨之前，也會有胸部變大、下腹部變大的情形發生。

因為設計師可以很客觀地判斷這些事，所以說「設計師可以取代鏡子」。

接下來，是要知道自己的體形重點是在那一部分。要知道使自己的體形看起來更美的重點。

需要確認的重點是腰身、臀部、腰、胸部、肩寬及頸部的尺寸。尺寸若太大或太小都會破壞整體的外形，所以要徹底地探索自己的每一部分。

肩部太窄的話，會使頭看起來很大，相反地，若太寬的話，又會讓人覺得身體太瘦弱了。所以為了避免上述情形的發生，建議大家訂做一次衣服，確實地了解自己所有的尺寸及衣服設計上之重點。

經常照鏡子，來熟悉自己的臉和身材吧！

了解自己的臉和身材是屬於哪種類型是第一步。

例如，在京都的東山附近，以由平緩的曲線所構成的京山脈這樣的自然風景為背景時，在那裡要建怎樣的五重塔才合適呢？或是在以阿爾卑斯山為背景時的情況，又如何呢？就與考慮這些問題一樣，要先了解自己的臉形和身材之後，才能做化妝之類的裝扮。

但是，有時對於自己的臉形，會有許多的誤解，或毫無了解。你認為自己對於自己眉間之距離、眉骨的形狀、鼻骨之形狀等等，都已客觀地領會了嗎？

不談表情或精神性，只談單純的形式，將臉形尺寸化是很重要的。

身體——就是身材也是一樣的。所謂臉部的表情，就身體而言，就是指動作而言。藉著此動作，就可表現出此人的品味。所以，首先要掌握好動作之前的形象。

為此，要常常照鏡子，累積客觀審視自己的訓練。而且有必要將其當作物品來看。不是喜不喜歡、好或不好的問題，重要的是能正確地判斷自己。

首先，就讓我們從拋棄偏頗的觀念，了解正確的造形開始吧！

穿著上不要太奇異，是最基本的

真的有所謂的基本形吧？嚴謹地來說，我想它就是隨著全體的設計、素材，或時代而變化，微妙地左右著流行的東西吧！但是不管是在什麽時代，我想把這種較實際的穿著不至令人覺得怪異的穿著，叫做基本形會比較好。

還有，我想這亦從自己的穿著或日常生活中自然而然地產生的吧！從一個人穿著黑色的長裙、低跟的鞋上，就大略可以看出此人所喜歡看的雜誌、髮型及工作的內容等等事項。

並且裙子的長度和鞋跟的高度亦有著密不可分的關係。

以我自身的經驗來說，是以大約五・五～七・五公分的標準鞋跟和與之相配的裙子長度為基本。

穿著高跟鞋來矯正走路方法和姿勢

良好的姿勢、走路方法是美麗的最基本。所以，所謂良好的姿勢，是指非常自然的狀態。雖說某種程度的緊張是必要的，但太過於緊張也不太好。

姿勢也意味著人格。若自己的人生是明朗、充實的，那姿勢自然地就是處於良好的狀態。

走路方法亦是很重要的。以前傾的姿勢走路的話，膝蓋就會彎曲，再挺胸的話，就會變成外八字。步伐也蘊藏著自信。

那麼怎樣才能養成良好的姿勢和走路方法呢？在此想建議大家的一點就是，藉著穿高跟鞋來矯正的方法。

首先，靠著牆壁站好，將頭貼好，臀部及腳也要貼好。就這樣，以伸展背脊的形態，盡可能地向前傾，這樣一來，臀部自然地就會抬高，所以就這樣起來了。剛開始雖然身體會覺得痛，但是在反覆練習中，應該就可以知道怎樣才是正確的姿勢了。

因為姿勢的改變，視線也會隨之改變。即使是聲音的感覺也會有所不同。

走路方法也是一樣。脖子不要動地俐落走走看吧！

姿勢變好之後，連骨頭關節的組合也會改變，也會影響到臉部的表情。真的會使臉部有力，看起來非常清爽。

由此可知，良好的姿勢和走路方法有多麼地重要了。

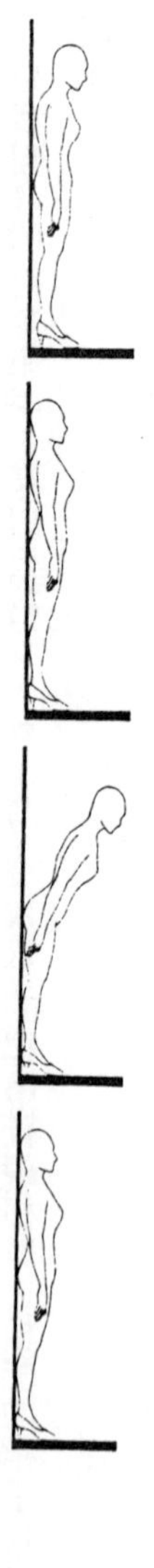

請先選擇適宜的服飾做為基本的一套服裝

首先，來想想看所謂的服裝是指什麼？

服裝是擔任社會中之記號的角色。總之，將叫做「我」的存在於社會之位置，做最明顯的表現，就是所謂的服裝。

「我是誰？我又是什麼？」

即使說「我」和社會之間的關係都凝聚在服裝裡，這一點也不為過。

就是因為這樣，自己平時的基本裝扮是帶有意味的。

服裝可以區分成兩大類。

一種是享受當季流行風的流行服飾，一種是基本的服裝。

在流行的服飾中，我想只要有當季的服飾或只為了一夜的服裝就可以了。

只是，所謂的基本服飾，與自身存在的關係非常密切，並且會變成自己以後挑選「衣室」的依據，所以希望大家謹慎選擇。

例如，灰色毛料的短褲、法蘭絨製的圓式緊領毛衣或深藍色的寬鬆外套、純綿的白色襯衫等都是不錯的。

穿起來不會讓自己覺得不舒服，就是好穿的衣服，對於這種基本的服裝，不要捨不得花錢去買，還要記得挑選質地及製作都很好的衣服。

這和浪費是不一樣的。

擁有基本的一套服飾，就是擁有自己的基本。因為抱著對衣服眷戀的心，所以希望大家盡可能地穿著良好的服裝。

＊**衣室**＝Wardrode 衣櫃所擁有的衣服，亦有衣服計畫的意思。

＊**法蘭絨**＝Flannel 平織、斜紋織、綢緞等布上有絨毛的一種布料。是服飾材質的一種。毛料的一種。

縐褶可以表現出意想不到的美感

你有想過縐褶可以是美麗的嗎？其實，故意地讓縐褶看起來很美是可能的。打褶可說是代表物。藉著將布有規則地打摺，產生微妙的陰影，就可以把這縐褶昇華為美的事物了。

在製作衣服時，也要考慮布和人之間的感覺，就是要考慮穿著者的量感，使其有點鬆弛，不要緊繃，營造出餘裕的感覺。

不是要在衣服和身體緊貼，而是要與人之間有點餘裕，這不僅僅是可以表現出間接的優雅感，這也可說是將縐褶變成有益的好例子。

縐褶也可說是意料之外的美感。

幾乎所有的衣服，都是被做成不要有縐褶的。最初的形態是完全沒有縐褶的，所以縐褶會被認為是破壞形態的。

但是，將綿質襯衫的衣袖隨意捲起時的魅力，也是令人難以捨棄的？

就因為是意想之外的美感，所以是使裝扮成為一種享受的原因。

綴褶就是這種情形的「偶然之美」。

認清何謂好的綴褶，何謂不好的綴褶，自己好好地欣賞這種「偶然之美」吧！

突顯的豪華主義，反而表現出貧乏

為什麼突顯的豪華主義是貧乏的呢？這是因為沒有生活的根據。

也可說是因為價值觀平衡破壞了。

常常有在服裝上不肯花錢，唯獨皮包令人覺得昂貴的例子發生。

由此可看出不平衡的價值觀。我想這樣也達不到裝飾門面的效果。

如果你有十萬元的預算，那我建議你不要只買一樣價值十萬元的東西，而是將這十萬元平均，去買所需要的東西。

與其只有一樣高價的物品突顯於全體中，不如以較均等的東西讓人有整體性的感覺。

能在裝扮上保有平衡感的人，在其生活形式上，一定也能保持平衡。

V型領的大小，以頭的大小來決定

你覺得V型領多大才是最美的呢？V型領是最靠近臉部的地方，也擁有非常大的影響力，但是我覺得很意外地，它的比例卻常被人所忽視。

你知道嗎？事實上，V型領的平衡感是頭部的大小來決定的。

V型領小的話，就會令人覺得看起來頭很大。

碧姬・芭杜

雖說比起女性，男性對於V型領有較強的意識，這應可說是因為男性經常要面對西裝、襯衫及領帶的搭配而來的吧！

但是，因為它是在全體服裝具有決定性關鍵的重點，所以在配戴服飾品或領帶時及選擇短上衣的顏色或花色時，希望大家能把這個三角形也算在全體的面積內。

那麼怎麼做比較好呢？

另外，也要考慮讓V型領盡量地低。所謂之「黃金比」就是一種不完整的美感。

大家都看過碧姬・芭杜等人在法國電影中，穿著故意解開一顆鈕釦的簡單花色的衣服。

這就是「零亂之美學」及「靜態美感中之動態美感的危險」。

這也可叫做性感，不自主間可以喚起一些感覺。

***黃金比**＝golden ratio 將線段分成二部分時，長短之比是全體與長部分之比。$\sqrt{5}+1:2$

可以看出黃金比的有米羅的維納斯像。

維納斯像

AP：BP＝AB：AP

在大拍賣時買衣服，要以判斷力來決定

在大拍賣時，買的東西有好有壞。但是，實際上常常有買了不該買的東西的情形發生。

這是什麼原因呢？

這是因為很難在大拍賣時判斷什麼是「真的因為想要而買」，什麼是因為便宜而買，對東西的價值判斷也變得遲鈍了的關係。

不知不覺中，由於拍賣場的氣氛及氣勢，因為便宜而買的情形，大概應該要做很多的妥協吧！但是這就是因為隱藏在便宜的背後所看不見的原因。這種例子，應該常常有買了之後雖有注意到這東西，但最後不喜歡穿，不知不覺中就不再穿了的情形。

但是什麼是在大拍賣時買了也很好的東西呢？

例如，像白色襯衫一樣的必須服裝可以一起便宜買的情形，或真的是很想要的東西，碰巧又很便宜時，這些時候，就可以讓你變得很會利用大拍賣了。

總之，即使在利用大拍賣時，判斷力還是主要決定關鍵。所以，請別忘記真正想要的心

是比價格更重要的事情。

利用男性的服裝

首先，我們回顧一下服裝的歷史，女性的服裝，是比較著重於看起來漂不漂亮的觀賞作用上，而較不注重於活動上。

與此相比，男性的服裝則採用了搭配之合理性及機能性，即使是從現代的行動女性角度來看，可學習的地方仍非常的多。

我想這可說是因為已生根於男性的些許頑固氣息，及條理清晰的生活型態中吧！自己可以感受到現在要去哪裡，做什麼事的某種意味之社會性的服裝。

好好地採用這些特性，我想女性的服裝就可以有多一些的進步！

實際上，在利用男性服裝時，可以試著找找女性可以用的東西。

尋找服裝的保有政策及同樣具有獨特風格的東西，就從模仿搭配及顏色的搭配上開始來試試看吧！

成套的西裝請勿互相拆開搭配著穿

你曾想過關於套裝的上衣和夾克之間的不同嗎？

從結論來說，成套的套裝就是成套的套裝，是不應該上下分開穿的。以和下半身的服飾之關係來決定材料及形式。把它們互相搭配來穿的話，顏色及質感都會不一樣。要領會服飾的時候，首先，全體的比例、配合都不錯的，就會很自然。

總之，服裝要常常一邊考慮全身的比例，一邊要做設計。

套裝，因為身長及量之分配等等細微的部分也都被考慮進去了，所以穿著時，不可以隨意地去破壞。

雖然夾克和裙子也可以穿出套裝的味道，但是若將套裝分開穿著，則會破壞服裝的感覺，並且會得到反效果，請大家慎加考慮。

即使是高價的絲質品也算便宜嗎？

絲質是高價的材料。

若問這種確實摻了絲質的便宜品是為什麼這麼便宜呢？即是意味著若能買這種相當於絲質感的布，那將是多麼地便宜啊！

我想這種觸感相當於絲質品的布，可以說是非常不得了的。材質所擁有的觸感單靠看書上的描述及問別人是無法了解的。要實際去接觸，讓肌膚去感覺的。

我想這可說是在成為大人前，在了解其他多種材質的同時，應先擁有的感性財產！好東西是不會騙人的。純正的材質即使沒有很華麗地去設計，也總會流露出沉靜的豪華感。

因為可讓肌膚記得的感性是一輩子的財產，所以絲質品可算是便宜的了。

擅於裝扮的人，會有屬於自己的基本色調

擅於裝扮的人，必定擁有自己的基本色，也就是基礎色調。那也不只是只有一個顏色，一般是有三～五種顏色。基本的顏色只有一色，而且是自己喜歡的顏色，太執著於這個顏色，就會給予人「黑色女郎」、「白色女郎」的印象。

這是非常危險的事。為什麼這樣說呢？因為藉著服裝過於強調自我的話，絕對不是優雅的。

那麼，什麼樣的顏色可以成為基本色呢？我想可以用基本顏色的觀點來考慮。以混合的灰色、灰藍色、咖啡色、淺茶色，還有黑色和白色來做為衣服的顏色，我想將這些最中立的顏色來做為自己的基本色是不錯的。

在衣服當中，若將容易與其他顏色搭配之顏色選為自己的基本色，則應該可以讓顏色無散漫感，而且可以有不錯的延展性。

樸素和鮮豔要並重，不要以固定觀念來選擇顏色

顏色上有樸素和鮮豔的區別。

但是單單顏色和它的名字是沒有樸素和鮮豔的區分的。為什麼呢?因為所謂的樸素和鮮豔是從顏色和顏色中的關係來決定的。

女性決定顏色是為了使自已看起來更美麗的一種手段。

此時，比起這顏色是否美麗，更重要的應該是要很清楚顏色的使用方法。要考慮到在頭上的顏色和在服裝上的顏色是完全不同的。不可以土氣或漂亮的固定觀念來看顏色。

關於使用方法，則紅色也有樸素、髒髒的時候，相反地，一直覺得樸素，不是很乾淨的顏色，也有很美、顯目的時候。

樸素的顏色要怎樣才會顯目呢?這可以說是在顏色的選擇上，最高度的技巧!

尋找不按常理之顏色的搭配法

以頭腦來決定這個顏色和那個顏色不搭，是很貧乏的思考方法。

要試著去想，並沒有什麼顏色是無法搭配的。

一般來說，被用來搭配的顏色的搭配法是很容易讓人了解的，但是一點也沒有新鮮感。為什麼呢?因為缺乏意外感。

若考慮男性西裝和襯衫、領帶之間顏色的搭配，就會很容易了解。即使很合乎常理，但是太過於整齊的調和感會給人很無聊的印象。

摒棄對顏色的固定觀念，來探索不按常理之顏色的搭配法吧!

雖說如此，但最低限度的規則還是有的。

將比較呆板的顏色，柔和甜美的顏色，顏色所擁有的感覺統一起來比較好。

例如，咖啡色所擁有的柔和印象就和粉紅色或藍色做簡單的搭配。

還有，混了白色的顏色，就還是以和混了白色的顏色搭配組合，比較能予人整潔舒服的感覺。

請記住顏色的濃、淡，和材質的厚薄也有關係，對於尋找顏色的搭配上也是很有用的。

化妝是臉部的衣服

說到化妝，你是否一直認為臉和身體是分開的，而僅僅是屬於臉部的？

其實，化妝是臉部的衣服。

在注意到穿著衣服要適合時間、場合，以及說話時要切合時宜之外，正確的化妝方法也是很重要的。

另外，在討論如何化好妝的同時，記住不施脂粉的臉之美也是很重要的。

雖然話有點偏離正題了，但早晨美女曾是一時的話題。早晨美女應該是很潔淨的，但總是有著不協調感。若說為什麼呢？那是因為存在著過餘的拘泥。

即使頭髮非常整潔，但也只是頭髮部分比較突出，太過於偏執於頭髮的整潔，只會破壞全體的平衡，造成精神上的偏頗。

化妝亦是如此。

穿著牛仔裝時，即使化上濃妝，卻一點也不美，因此，為了要予人正面的印象，要正確地選擇適合年齡、時間、場合的化妝，才能算是美麗的化妝。

香水的使用要建立一套觀念

請試著想想化妝與香氣之間的差異。

化妝是實際的物品，而香氣則是抽象的。

還有，化妝有自己創作的餘地，而香氣則是在故事結束之後，仍擁有屬於它的一片天空。總之，可以把它當成已完成的文學作品。

但是，說到香氣，應該要考慮區別香水、香精、及古龍水的不同。所謂的不同，在於香精及古龍水是和香皂一樣成立於機能之上，而香水則成立於製作者的印象之上。

更簡單明瞭地說，香水不是抹上的，而是有被纏上的強烈感覺。為什麼呢？因為各種香水，都有屬於它自己的觀念和思想。

試著想想香水的名字吧！

此名稱達到了和抽象畫的名字一樣的任務，在享受香氣的同時，有沒有覺得也被誘惑進入各式各樣的世界呢？

就是因為這樣，盡可能地與很多的香氣接觸，尋找適合自己的香味，選擇適合當時氣氛的香水吧！

避免塗深色的指甲油

雖然大家都容易認為指甲油並不那麼引人注意，但事實上它是比化妝、服裝更容易讓人看出是高貴或低俗的地方。就因為這樣，有必要好好地保養。

正式的保養，常常會把指甲根上的軟皮全部處理乾淨，但是以我個人來說，我覺得像日本人、中國人這種指甲比較長的民族，與其勉強地處理這些指甲軟皮，不如讓它以自然的形態出現比較好。

和這一樣不自然的長指甲，也一樣令人覺得不美。假指甲亦是如此。

年輕時，若在舞會等特別的場合以外，盡可能地保持自然，是不是比較好呢？

即使在盛裝時，若塗上太濃的指甲油，會讓人覺得像剛開始抽煙時的那種不協調感。

這是印象中的女性像與實際上自己的年齡間的隔閡太大，所造成的失調感。

雖然偶爾也需要伸伸腰，但也許也應該常常看看鏡子，認清實像和印象中的差距和不平衡。

那麼指甲油方面的結論是，穿著綿質服裝時，就修整好指甲，即使是盛裝打扮時，也請記住——避免太濃的顏色。

內衣的選擇，是自己一天的開始

內衣具有和香水非常相似的地方。

香水若只是擁有香味的機能，那就和廁所除臭劑的水準一樣。但是香水擁有除臭劑的沒有獨特「語言」，擁有自己的世界。

內衣亦是如此。

早上淋浴之後，穿著浴衣化妝。然後，從放內衣的小抽屜中，選出一件來穿。從那一瞬間開始，就可以說已決定了今天的自己——也就是服裝、香味，甚至連情緒都決定了。這個意思，就是指內衣，就是「今天的自己」開始的地點。

就因為它是與精神和自我有著密切關係的項目，還有也可說是裝扮的極限，所以平常就有必要細心的考慮。要時時記住內衣是匯集了女性美的意識，將之凝縮的東西，所以在服裝上要注意有自己風格的打扮。

要選擇接近自己膚色的絲襪

絲襪就像是Evening dress的手套一樣。

總之，就如同沒有手套，就讓人看見裸體的服裝一樣，可以把有否穿絲襪看成禮貌的分別。是不將肌膚的現實感直接傳達的一種禮貌。

雖然只穿了一件薄衫，但也可以讓人感覺到高雅的氣息。

例如，就像畫的框一樣，用來強調畫之內容，而使之顯目的東西。就是因為如此，絲襪在裝扮上擁有相當大的地位。

從此一觀點來看，盡可能選擇比較細緻的絲襪。因為從薄薄的絲襪中顯現的肌膚，可以令人感到一種不像是肌膚的美感。

顏色上，盡可能地選擇與自己膚色相近，或是稍稍深一點的顏色。因為黑色是令人覺得嬌艷的顏色，若能避免不經意地穿著的話，會比較好。

一次買三雙鞋吧！

全部的裝扮是從鞋子開始。因為「鞋子決定裝扮」。

因為頂多佔全身比例百分之五左右的鞋子，掌握著裝扮的決定權。從選擇鞋子的時候開始，就決定了裙子的長度和衣服的身長。

高跟鞋（六～九公分）、中跟鞋（三•五～五•五公分）、低跟鞋（三公分以下）此三種鞋的高度大致決定了衣服的形式。

那麼怎麼做才好呢？首先是先決定自己的生活型態。這樣一來，也決定了自己的鞋子，如此即擁有了基本的鞋子。

雖然也許是極端的例子，但若擁有的都是為了去玩而買鞋，那生活的型態也大概都以玩為中心。

因為尋找基本的鞋子是在創造生活中的服裝，所以，請選擇不會隨著流行而每季改變的鞋子做為自己的鞋子。

考慮了穿的感覺，決定了自己的鞋子的話，建議你一次買三雙鞋子。若是每天穿的鞋子更是如此。

每天換穿一雙。這樣的話，可以維持相當久，並且同時可以確立自己的服裝形式。

掌握服裝決定權的鞋子。
高度是重點。

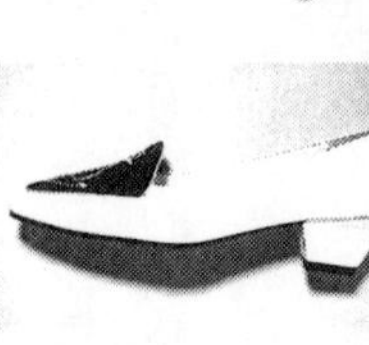

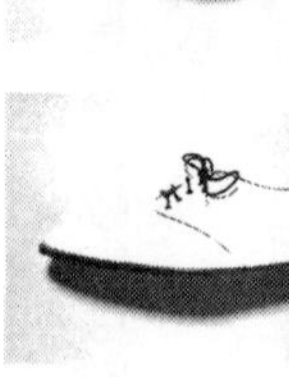

還有，因為腳部會表現出一個人的優美感，所以請留心要穿著時時保養得周到的鞋子。

在全體的服裝中，不要讓鞋子看起來特別顯目是很重要的。這個意思是因為白色鞋子有時跟衣服搭配起來會顯得特別大，所以要常常照鏡子檢查是否全身的比例有平衡。

飾品的挑選就先從黃金及珍珠開始

飾品是和服裝一體的。不要把服裝和飾品分開考慮，經常將其成對的考慮是很重要的。

當然，也有許多衣服是完全不要加上飾品就很美麗的，但是經常做同一造形，在此服裝上，希望你一定要加上一些飾品。

因為服裝和飾品，哪個襯托哪個都是很好的關係，所以我想以飾品為主，服裝為副的打扮亦是不錯的。但是，很重要的是，要明確地劃分服裝和飾品間的主副關係。

現在就來具體的說明。

首先，是耳環。幾乎所有的場合，都是以戴上較好。為什麼呢?因為大部分時候，耳環比起衣服來，是較屬於臉部的重點。所以在這種時候，就要考慮做為重點顏色的角色與衣服顏色調和的事情了。困難的是項鍊。

長短、粗細、質感、設計等等，這些若沒和服裝搭配得當，就無法發揮其效果。

想要避免項鍊將V字領的空間中途分割，在將腰部突然緊縮立體輪廓上有正面影響的項鍊長度亦是問題。

相反地，在有肩帶的服裝上，為了取得平衡，就有必要選擇較大的項鍊。這樣來看，大家應該了解項鍊的選擇，不得不比挑選服裝時慎重了吧！

盛裝時，就要特別些，而日常生活上若有些不太顯目，簡單的飾品，也是不錯的。

無論如何，都要準備的是黃金與珍珠。因為銀給人稍微冷淡的感覺，所以在入門編上，先不予介紹。

皮帶的選擇上機能性重於裝飾性

在雜誌上雖然常看到「把一件式的衣服，以皮帶穿出二件式的感覺」之類的穿著技巧，但事實上，成功的例子是非常少的。

皮帶的選擇遠比我們所想的困難。

在有皮帶環的褲子或裙子上，皮帶是很必要的，但是先假設繫上皮帶，而在沒有經過設計的服飾上，不要繫上皮帶是比較明智的決定。

為什麼?因為皮帶是把身體分成兩半的東西，在成為重點之前，有可能會破壞服裝和己體輪廓及身長的平衡。

所以，在考慮裝飾性之前，應先考慮造形及機能性。

當然，也有享受皮帶之設計的時候。但是，此時就要配合想要配戴的皮帶，來選擇服裝。不過，即使是這樣的情形，在立體輪廓上，皮帶若毫無意義，則應該果斷地捨棄不用。

圍巾和服裝要以同樣之比重來準備

首先，先想想好圍巾的條件。

材質盡量選擇厚重的絲綢。而且內裡要完全漂白的最好。因為這樣的圍巾，圍在身上時，會令人覺得很華麗，而且直接接觸到皮膚，例如，脖子等等，會非常舒服。

還有一點很重要的是，要挑選有花色的圍巾時，要選擇在折疊時的顏色及花色的變化比較多的。

因為圍巾現在幾乎是「美」的機能重於防寒等實用性，所以不管在選擇時或披圍，都要注意如何使自己看起來更美這個問題。

若提到我本身喜愛的圍巾的使用方法嘛！

首先，不要把圍巾當成服飾品。例如，要將圍巾和服裝以同樣的比重來準備。在有金色鈕釦的寬鬆外套上配上華麗的圍巾，讓V型領的地方裝飾得華麗些，我對這種搭配法是非常喜歡的。

太陽眼鏡的配戴不合於情理時，會予人多餘的感覺

若說到太陽眼鏡，馬上就會先浮現出保護眼睛遮陽的機能性。其他，雖也被用來裝扮用，但請把它當成是大人的用法。

我覺得年輕人還是把眼鏡用在遮陽這種合理的情形下比較好。因為太陽眼鏡是把所謂的靈魂之窗——眼睛遮住，所以具備了匿名性與神秘性。但是對年輕人而言，這種不必要的神秘性，若用在裝扮上，會讓人覺得是多餘的。

所以，就試著從將合理使用時的美感發揮至極開始吧！

與美成為好朋友吧！

所謂的美，到底是什麼呢?若一談到美，就很容易想到是拘謹、權威的、學術理論的，但其實它是具有包容力、非常廣泛的。

不是虛構的，而是和美成為好朋友，能一起遊玩，這才是重要的。

美絕不是那種難得的必須得到美術館才會遇到的東西。

美是隱藏在我們周遭的所有地方，只要有想要找尋美的心情，就可以輕而易舉的在想要找尋的地方找到。

在心靈解放時，以及擁有想要與美發出之波長相遇時，美就會輕快地進入你的心中。

但是，只要有一些些的得失心，很不可思議的，美就不會靠近了。為了連接美與回路，最重要的就是要擁有一顆純真無邪的心。

所以，在覺得很美的時候，就試著直接地說出「好美啊！」

不是以精神來接收美，而是要以肉體來接收。此方法中的一種，就是試著實際地以聲音來表現。

所以，若覺得熟悉了此美感，接下來就是要使用美了。但是，若以回顧為前提地使用美的話，美感就會慢慢地減少。它與愛是一樣的。

雖然越愛越增加，但有一想「我是這麼地喜愛，卻……」時，愛就消失了的情形吧！美也是這樣的。

在因為別人而使用自己體會得來的美時，美就會開始增加。

因為想要愛別人，結果會變成也愛自己。

那麼，吸收了美之後，會產生怎樣的變化呢？

若能善於將美吸收至自己身上，並能善於引用回路的話，則應該連對事物的看法及想法都會改變。

會增加如增進活力之維他命般地勇往直前的力量，以及有生氣的活力！

常常想著要與美相遇，就這樣相信相遇時的驚喜。在一直反覆進行這樣的事的過程中，就可與美成為好朋友，應該自己也會變得光鮮燦爛。

所以，美是人生的喜悅，也是裝扮的原點。

第二章

四季的服裝及搭配的實際性

春天的服裝

春天是四季之始。服裝方面也將這種不由得精神氣爽的氣氛反映出來。搭配上不同的套裝，或美麗的絲質襯衫。是盡情地享受粉紅、黃色等等甜美明亮色彩的樂趣季節。

能展現肌膚的薄式春天洋裝

薄縐紗或薄紗等等，能夠發揮絲質的柔軟觸感的洋裝（One-piece），只有在胸部與袖子的部分採用透明的質料。雖然是使用透明的點子，但在領口處加上荷葉邊，匯集了高尚感，可以說是重點吧！裙子也採一點喇叭形式，描繪出裙襬較寬的輪廓。

使用明亮的粉紅或黃色、薄荷綠等素色之外，用小碎花印花或圓點圖案等也很不錯。

春天的洋裝

採用華麗地裝飾在領口的荷葉邊，是這件衣服的特點。

使用透明素材的同時，在線條上也注重美麗優先的設計。

膨起的公主袖予人隨風輕飄的高尚印象。

小錢包與鞋子的色調搭配，更具有時髦感。

喇叭裙的裙襬較寬的輪廓，表現出年輕感

高跟鞋採簡單的設計，高度則建議五到七公分左右。

合理價位的絲質上衣

因為是很貴的東西，即使買得起，也許也會覺得「糟糕，有點浪費」，但是，白色或純白色的絲質襯衫（Silk's blouse），無論如何一定要加入衣櫥的行列中。

雖說要把握住沈穩地肌膚融合的上等材質的感觸，使之成為自己的一部分，但應用範圍是比預想還要廣泛，也是裝扮中不可或缺的。

以領口稍深為重點的襯衫，可繫上領帶或用領巾打個蝴蝶結，也可充分地享受領口變化的樂趣。袖口可使用鈕釦固定，不過若要選鈕釦的話，平常有珍珠、金質袖釦，若有想要提升衣服質感的日子，可使用誕生石做成的袖釦。

以上等配合中，在美麗中又表現出了深度。

下面除了穿合身的窄裙之外，褶裙、重疊裙（螺旋狀裙子）或搭配上合身的長褲，也很好。此外，在稍有寒意的日子，可加上夾克或外套式羊毛衫就可解決了。

絲質襯衫

領口稍深的襯衫，可以領帶或領巾等裝飾，享受各式各樣的搭配。

在基本的裝扮上，特別加上一條附有鍊子的皮帶，顯出華麗感。

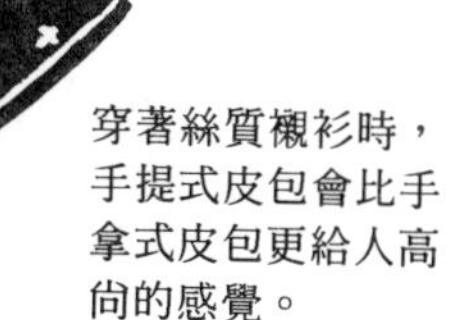

穿著絲質襯衫時，手提式皮包會比手拿式皮包更給人高尚的感覺。

大約膝上五～十公分長度的迷你裙，反而能使腿看起來更修長、俐落。

一考慮到搭配問題時，外套以深藍色較好

現在，深藍色的「顏色鮮艷的寬鬆外套」（Blazer）或許已成了年輕裝扮的代名詞了，但是所謂「顏色鮮艷的寬鬆外套」名字的由來，據說本是在英國的划船比賽的隊伍，以一種像火（blaze）一般紅的顏色的外套當做制服穿，所以才會叫做「顏色鮮艷的寬鬆外套」。

像這樣以探訪衣服名稱的由來或歷史來看，非常的有趣，如此一來，更會湧出愛戀之情也說不定。

雖是寬鬆外套，但徹底地清潔感是相當重要的穿著技巧，要注意。顏色上，深藍色是最平常的顏色，其它也有摻雜灰色、駱駝色、葡萄色、非純白色、黑色等等的顏色，但是，若要考慮搭配之事，還是以深藍色最為適當。裡面搭配白色或細條紋等襯衫外，薄的套頭毛衣等等也很好。

在這裡，在白色的棉質襯衫上，點綴上與外衣同質料的深藍色粗條紋織布（有橫紋的毛織物）的緞帶，此外也有使用中意的領巾繫在衣領的方法。

寬鬆的外套

在衣領上結上小蝴蝶結，彷彿是位真正的巴黎女子。

所綴上的刺繡營造出較個性化、年輕的印象。

雖是男性化的寬鬆外套，在腰部剪裁有型，也充分顯現出優雅感。

要潤飾寬鬆外套，可以粗跟較男性化的鞋子搭配。

應用範圍很廣的基礎套裝

基礎，也就是成為基本那樣的簡單，傳統式的套裝（Suit），一定要準備一套。套裝，因為沈著、穩重，能夠給人規矩整齊的感覺，所以做為上班服裝，不用說，也可以用在簡短的拜訪或舞會等等，是應用範圍很廣的服裝。

準備一套薄羊毛衣或稍厚的絲質套裝，將很方便。

只是希望大家一定遵守的，也就是因為套裝是以上下一致的形式設計而成的，所以不論如何喜歡，也要避免與其它的衣物零落地搭配。不管如何，破壞了均衡，總是會不相稱的感覺。

這件套裝，採非常簡單的設計，在領口結上小蝴蝶結，以及在兩側縫綴上口袋，此外，使用鈕釦作為重點設計。蝴蝶結又再次地點綴在鞋子上，強調了優雅的女性感。

基本的套裝

若想要取代蝴蝶結的話，可使用胸針來代替。

口袋本身就是設計重點的衣服。

在領口的蝴蝶結設計又重複表現在鞋子上，相當地有女人味。

以夾克外套之感覺，穿起來很輕鬆的半長外套

雖說是春天，但感到冷的日子也不少。那時的寶物，就是一件輕便設計的外套（Coat）。選擇表裡皆可穿的布料，可隨著裡面所穿的衣服，而將外套的兩面充分地使用穿著。長度較長也不壞，但若是只露出一點裙子的程度的半長度的話，與其說是外套，更可說是以長夾克的感覺來輕鬆地披在衣服上。

施以防水設計，加上當雨衣的功能也很好也說不定。

在腰部繫上腰帶，給人俐落的印象，不過，若想要稍微有粗獷感的時候，放鬆腰帶，試著享受台字形狀裙子（裙幅寬廣的A字線條）的樂趣也不錯吧！

另一方面，腰帶不一定要與外套同質料，黑色的琺瑯質或精緻的顏色等等，視當時的氣氛來各別使用，也是個好主意。

一件搭配的外套

領口使用領巾或薄羊毛圍巾，顯示出個性。

選擇表裡皆可用的材質，可隨著裡面穿著的衣服，享受各式各樣的樂趣與便利。

雙層的袖子，是袖口的重點。充滿古典的氣息。

解除腰帶，享受A字型線條，也像是春天的感覺。

高爾夫球裝要選擇正統式設計式樣

即使是在年輕人之間，高爾夫也是項逐年受到歡迎的運動。在遊戲中要遵守禮儀，這是不用說的，但我保證若在服裝上也能投入心力的話，一定會更快樂。

但是，一考慮到所謂的運動服裝，不用說，必須容易活動並選擇吸汗性高的材質。例如，下面穿方格圖案的褶裙（蘇格蘭士兵所穿的裙子，也有單單稱為褶裙的），並與能使白色或格子圖案中的一色更出色的棉質短袖運動衫相搭配的情形。

不用說，遮陽帽、手套、襪子也要注意有一致的搭配，而衣服的顏色則也許先在腦中設想好能與綠色相搭配的較好！因為在鏡中雖覺得搭配完美，但自己可設想一旦進入綠色之後，鏡子裡所反映不出的東西。

高爾夫服裝

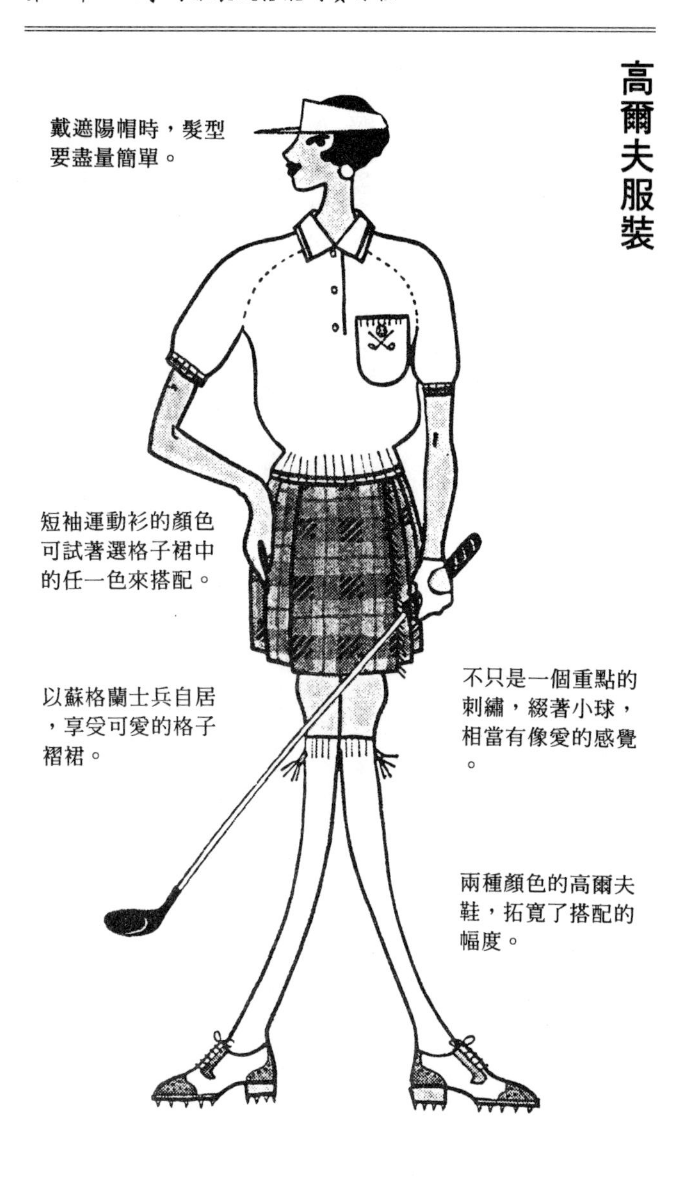
戴遮陽帽時，髮型
要盡量簡單。
短袖運動衫的顏色
可試著選格子裙中
的任一色來搭配。
以蘇格蘭士兵自居
，享受可愛的格子
褶裙。
不只是一個重點的
刺繡，綴著小球，
相當有像愛的感覺
。
兩種顏色的高爾夫
鞋，拓寬了搭配的
幅度。

網球裝以基本搭配為佳

據說當網球開始盛行時所穿的衣服，是直到腳踝的一件式衣服。但是，會使行動受到限制，現在，網球裝的設計也有了豐富的變化。

也許短褶裙上搭配衣領上，有灰藍色與紅色的線條的短袖運動衫，是最基本的形式，但是感覺上仍然是最具有氣氛感的裝扮。

網球裝的下面部分，除了褶裙之外，喇叭型式的也很好。短馬褲或短運動褲也具有活動感。

此外，春天比想像中有較大的溫差，所以，準備一件白色的 chiruden 毛衣（一般做為網球毛衣而被人所知的繩編的稍厚毛衣）會較好！頭髮上戴上遮陽帽也很好，但，還只是陽光柔和的春天，所以可使用與服裝搭配的髮帶，看起來很俐落。

網球裝

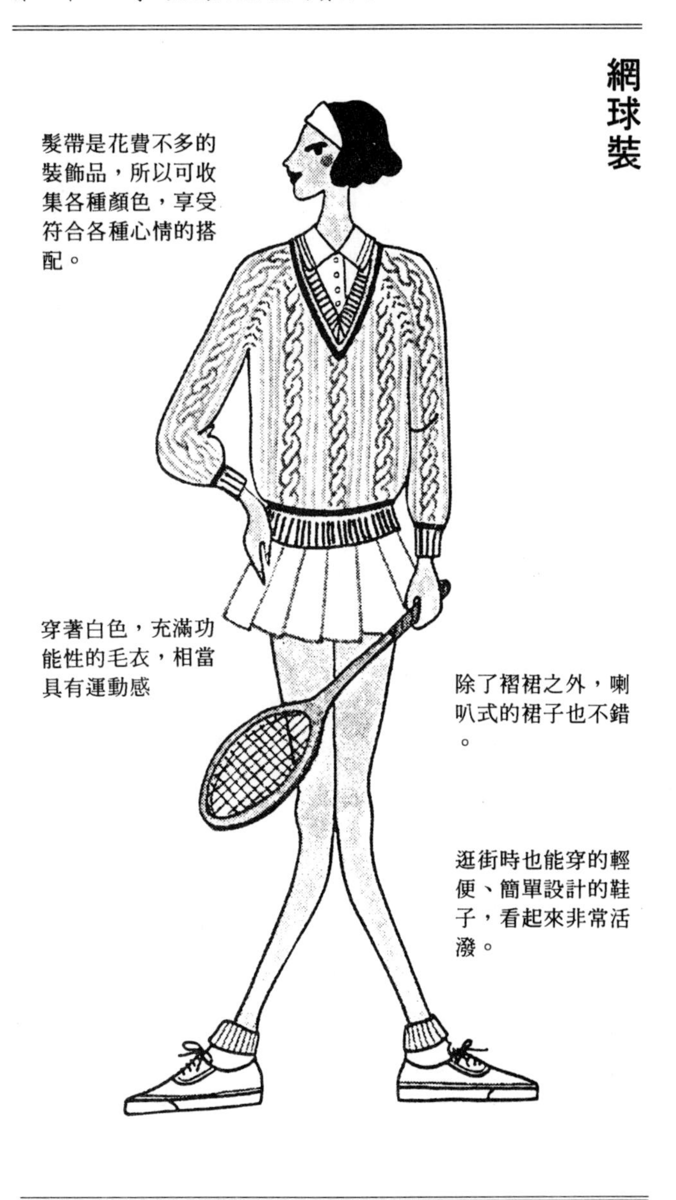
髮帶是花費不多的裝飾品，所以可收集各種顏色，享受符合各種心情的搭配。
穿著白色，充滿功能性的毛衣，相當具有運動感
除了褶裙之外，喇叭式的裙子也不錯。
逛街時也能穿的輕便、簡單設計的鞋子，看起來非常活潑。

厚質的連身褲套裝任何季節皆可穿著

上衣與褲子相連接的衣服，特別又叫做連身褲套裝（Jump suit）。名字的由來則據說是即使跳躍，也不會難看的服裝的意思。法語叫做連身服。就如文字上所表示的，因為上、下相連，所以這麼稱呼。

在日本則連身褲套裝，連身服都有人說。

褲子的長度從短到長，各式各樣的都有，不過，較短的褲子，看起來具有年輕活力感，在心情輕鬆時穿著最適合。

設計畫面上，低肩的粗放感的襯衫與短馬褲相接合的形式。在腰部使之稍微地 bura-sing（使腰部膨起之設計），用細腰帶繫起來。因為擁有充分的餘裕，雖然是上下相連，在功能上還是相當完美。相對地，即使稍微粗魯地活動，也不用擔心裡面會被看到，相當地舒適。

連身褲套裝

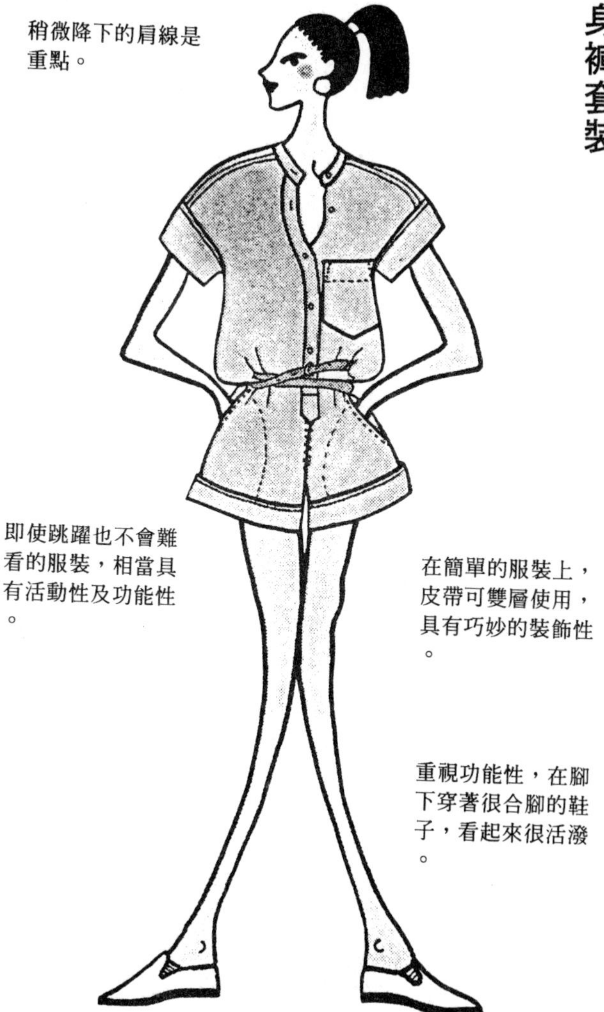
稍微降下的肩線是重點。
即使跳躍也不會難看的服裝，相當具有活動性及功能性。
在簡單的服裝上，皮帶可雙層使用，具有巧妙的裝飾性。
重視功能性，在腳下穿著很合腳的鞋子，看起來很活潑。

束腰洋裝建議採柔軟的材質

窄裙上搭配長上衣，特別如此稱呼。

所謂的束腰洋裝（Tunic），據說原本是拉丁語中意指內衣的 chunica 這個字。這就是今天所指的將腰部完全覆蓋住的長上衣，所以試著追溯衣服的變遷，也是件相當有趣的事。

這種服裝最大的特徵，就是細長的輪廓，不過，更進一步地悠閑地穿著，隨風輕飄的膨膨袖等，加入優雅的要素的設計，做為宴會服裝，也是非常好的裝扮。所以，推薦柔軟的絲或棉、紗等材質。

腰部的腰帶是為了裝飾而加上去的，但，以異國情調感的金屬製品或有各種顏色的緞帶來搭配，也是不錯的喔！

束腰洋裝

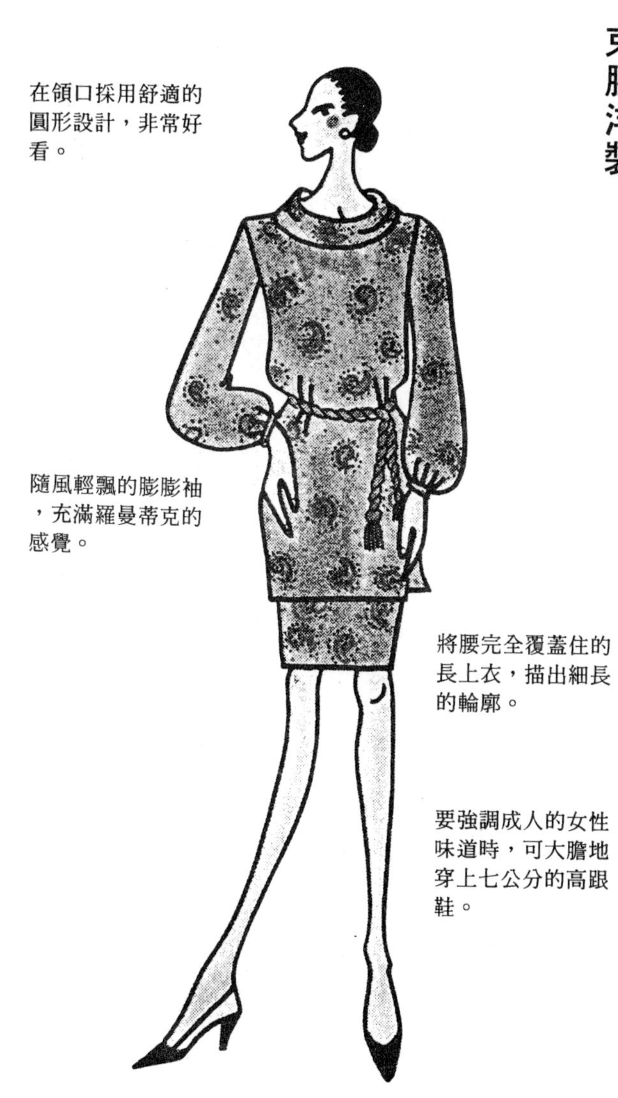

在領口採用舒適的圓形設計，非常好看。

隨風輕飄的膨膨袖，充滿羅曼蒂克的感覺。

將腰完全覆蓋住的長上衣，描出細長的輪廓。

要強調成人的女性味道時，可大膽地穿上七公分的高跟鞋。

晚會便服要選擇設計别緻的

在午後及夜晚之間，也就是傍晚到七、八點之間，所開的舞會，稱為雞尾酒舞會。這種宴會中所穿的禮服，就叫做晚會便服（Cocktail dress）。與晚宴服的豪華感不同，大多是精緻而且令人印象深刻的設計。現在裙子的長度從短到長都有，依晚會的氣氛來穿著的話，據說是沒有什麼禁忌的。

上面採緊身衣的樣式，充分地服貼於身體的曲線，裙子則是像鬱金香一樣，使之成為在腰部膨起來，看起來像木塞一樣的輪廓。毛皮纖維或平織薄絹等等有稍微張開的材質，也表現出了美麗的剪影！

像設計圖中那樣，在手套上戴上裝飾品，也不違反規則，而且，在舞會的便餐時，也沒有必要將手套脫下。

晚會便服

只要在頭髮上加上與衣服同色的花飾，就可整個提升了衣服的質感。

兩肩上的蝴蝶結，是漂亮且令人印象深刻的設計。

像鬱金香一樣在腰部膨起的輪廓，顯示出可愛的女性印象。

夏天的服裝

是在海邊或山上度過，充滿度假氣氛的季節。這個季節滿溢著動人的心情，可將平日無法體會的挑戰精神好好的在服裝上發揮出來。如何能看起來很清爽是重點。

穿著棉質襯衫可表現出成熟感

棉質襯衫（Gotton shirt）是服裝中根本的基礎。若能技巧的穿著，在裝扮上可說是無人能比的。不論是洗得泛白了，或是有了補丁，捲起袖子，都是能夠就這樣地將氣氛表達出來的方法。也就是因為如此，當穿上衣服時，才能夠反映出自我的存在感。

可能的話，首先從白色開始著手，之後再轉向條紋圖樣的襯衫。希望大家都能有這樣深植腦中的想法。

棉質襯衫

只要比平常多解開
一顆鈕釦，就能流
露出成熟女性的魅
力。
比肩幅稍寬的地方
，變換成低肩式設
計，並發揮刺繡的
功能。
準備薄喀什米亞的
毛衣或是外套式毛
衣衫，會很方便。
搭配較具男性化感
的合身長褲。
在前端（腳尖）為
重點的簡單設計的
高跟鞋。

夏天的夾克要選擇簡單的式樣

選擇夏季夾克（Summer jacket）的要訣，就在於簡單的設計，以及予人涼爽感的材質。

因為會覺得是夏天，所以穿上無袖或短袖的薄衣服，而在空調完備的現代生活中，披上外套的機會也很多。稍微改變一下場合，雖說是夏天，但，也有穿著長袖衣服而看起來優雅的時候。

在這裡所提出的搭配是有著休閒感的外套。遠離每天忙碌的生活，是為了要滿足放鬆的氣氛時所穿的衣服，所以，就盡情地嚐試快樂的氣氛吧！

使用清爽的粗線條紋的夾克，與領口大開的T恤和五分褲（能看到膝蓋之長度的褲子），互相搭配。

夏天的夾克

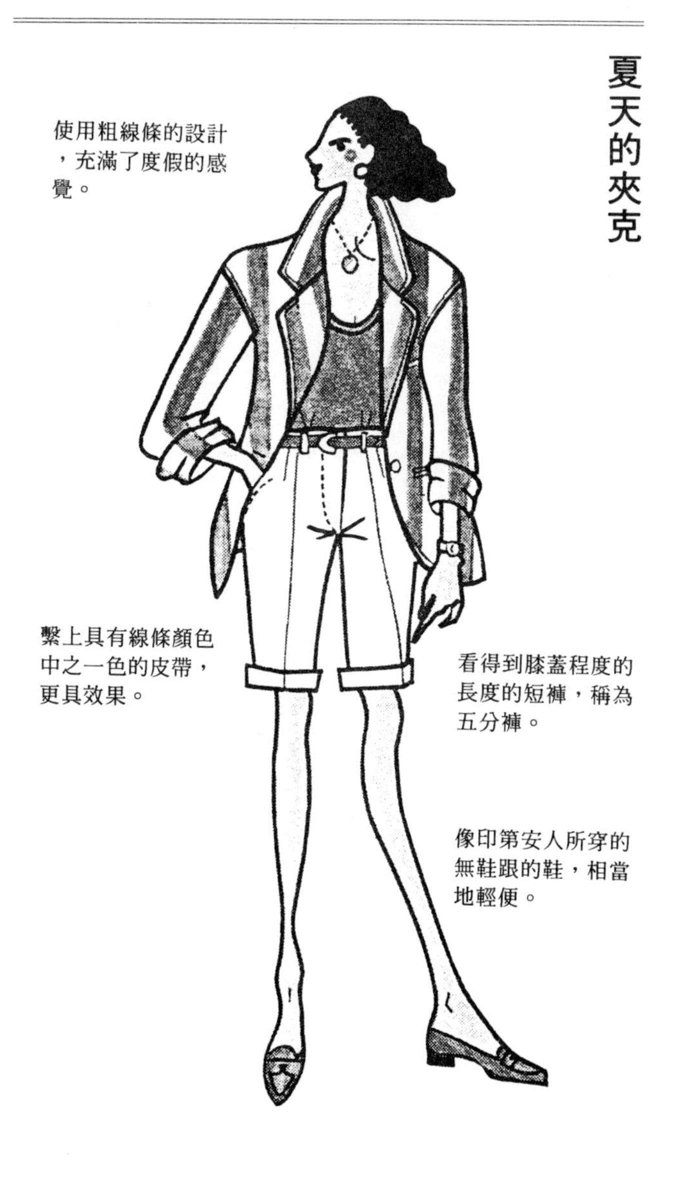

使用粗線條的設計，充滿了度假的感覺。

繫上具有線條顏色中之一色的皮帶，更具效果。

看得到膝蓋程度的長度的短褲，稱為五分褲。

像印第安人所穿的無鞋跟的鞋，相當地輕便。

屬於夏天的白色，要配合服裝的材質，使其具有一致感

在盛夏明亮的陽光下所映照的白色的魅力，是任何東西都無法取代的。

但是，並不是說因為是夏天，所以輕易地一致說要穿白色，而是因為擁有特意要穿著白色的強烈自覺，這與因為無可非議而決定白色的情況不同，是為了要品嚐豪華的白色之美。

此外，夏天的白色，比起形狀，更想要採用有韻味感的質感的布料，來技巧地穿上白色。另外，也請記住當全身統一穿著白色時，散發出獨特的貴族感，反而更為完美。

當然，帽子或裝飾品也全部採用白色，不過，也有使用藍色或綠色等涼爽感覺的裝飾色彩。這也是難以捨棄的穿著術。這時，使用陶製或水晶等等涼快的材質，也許較容易表現出季節感。

鞋子以背帶方式，可享受涼爽的快樂。

夏之白

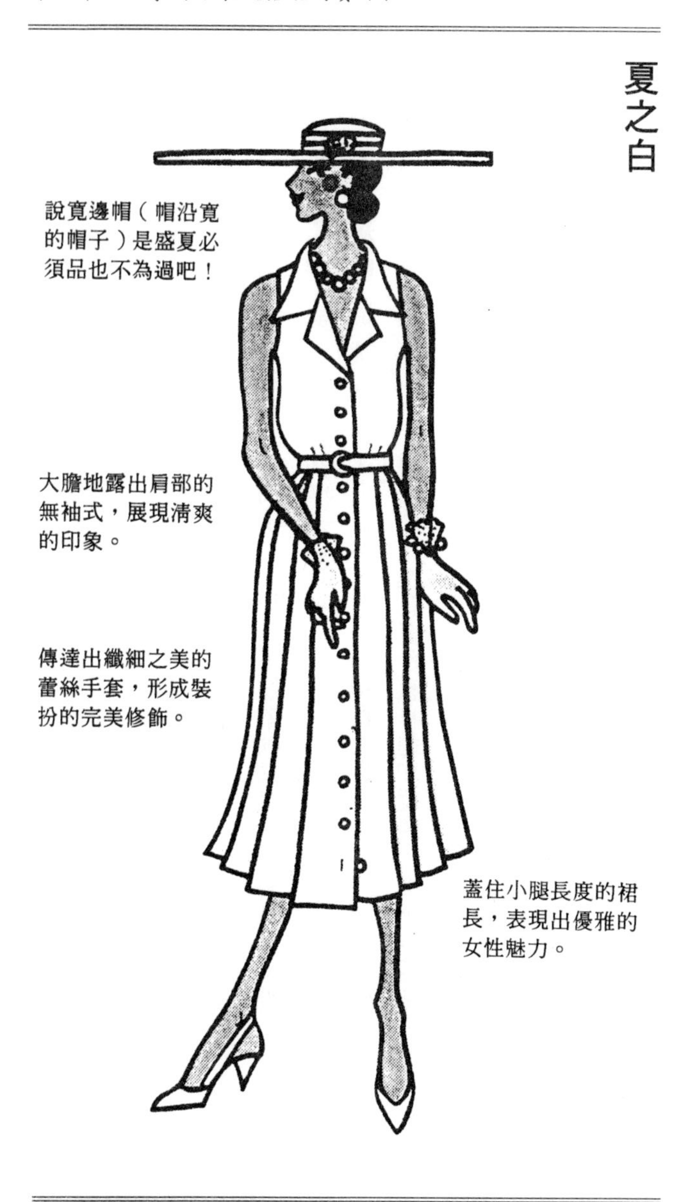
說寬邊帽（帽沿寬的帽子）是盛夏必須品也不為過吧！
大膽地露出肩部的無袖式，展現清爽的印象。
傳達出纖細之美的蕾絲手套，形成裝扮的完美修飾。
蓋住小腿長度的裙長，表現出優雅的女性魅力。

輕鬆舒服的麻質服裝

無意間形成的縐褶，冷冷的感觸等等只有麻布才持有的風格。麻布是那種就是因為在夏天，才能享受的材質。

說歸說，不過，縐褶中有好看的縐褶，也有不好看的縐褶。因為麻布會產生皺紋，所以希望能只要穿一次，就一定要保養。

發揮直線剪裁的直接的一件式，肩部與裙子兩側有狹長的切口，再加上細緞帶，是個精緻的設計。剪裁很好的麻布上，使之稍微擁有寬鬆感，愈加反映出直線的剪影。

在身前所做的大口袋也充滿了想要享受夏季的心情。

此外，大大寬鬆的袖子，通風性佳，看起來非常地舒適。在輕鬆休閒的時刻，可說是相當適合的服裝。

鞋子也要穿著容易行走、易穿的船型鞋。

穿著麻料

有切縫的和服式袖子非常涼爽。

裙幅稍微縮小的筒狀線條之舒適的輪廓。

與袖子同樣的構想，在裙子的單側又出現了一次。

帆布質料與麻系（黃麻）兩種材質製成的船型鞋。

以蕾絲的服裝表現優雅的女人味

在某處能夠引發鄉愁的蕾絲衣服。古典感與女性味非常重要，可試著若無其事地穿看看。

不過，說到蕾絲，種類真的很多。要選擇怎樣的呢？要具有風格完全不同的才好。大家最常知道的蕾絲，大概可舉出芭蕾服裝上常常使用的軟薄的蕾絲，與手帕上可看到的繡上的蕾絲等等吧！想到是所謂的夏季服裝，建議使用棉製的蕾絲。

技巧地穿著蕾絲，首先最重要的是要將內衣準備好。這是因為蕾絲原本就會透明的關係。即使覺得外表似乎看不太出來，還是好好的注意才不會出差錯。

此外，與其它的材質比，蕾絲是非常能夠表達優雅印象的材質，所以希望能盡可能地不要破壞這種感覺。

蕾絲服裝

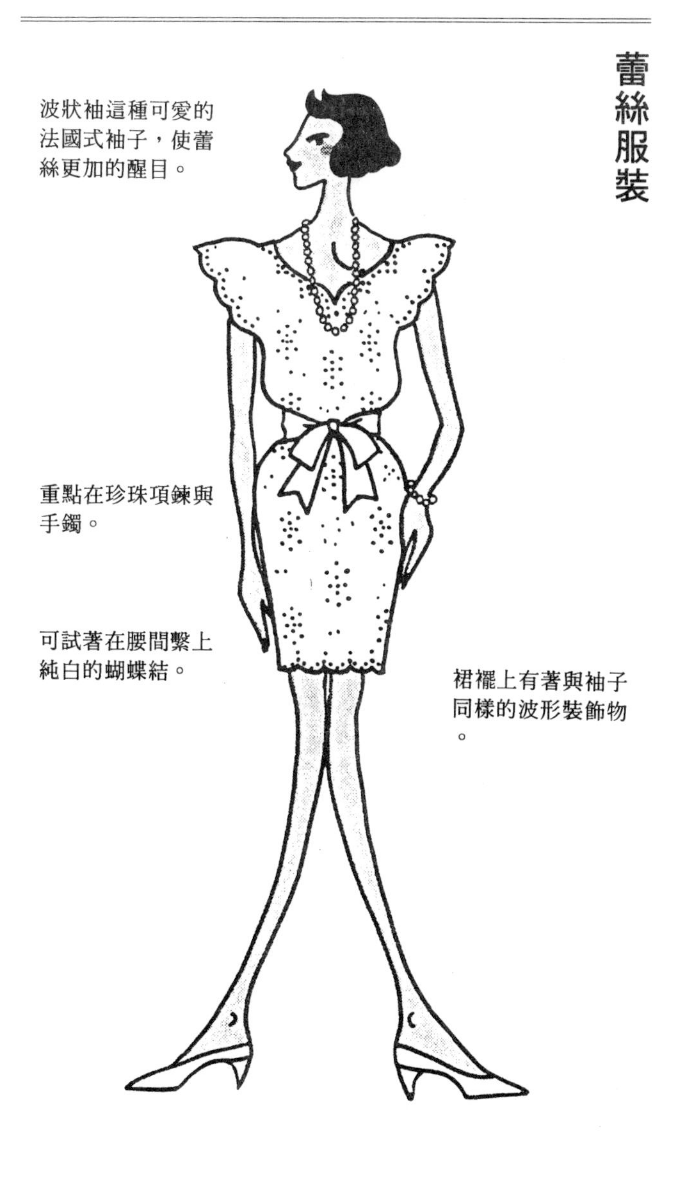
波狀袖這種可愛的法國式袖子，使蕾絲更加的醒目。
重點在珍珠項鍊與手鐲。
可試著在腰間繫上純白的蝴蝶結。
裙襬上有著與袖子同樣的波形裝飾物。

向大膽的裝扮挑戰的渡假裝

渡假就是要遠離日常的生活，可說是能夠享受大膽穿著的絕好時機。穿上看得到肌膚的短上衣與低腰褲子，有海軍服的感覺。顏色也可在白或深藍色上加上紅色當作主要色彩。純白色的衣服上加了綠色線條的棉織物，會令人想起幼年時光的水手色彩。短短可看到肚子的衣擺兩側有切縫等，使全身營造出俏麗的感覺。以白色的鈕釦當做主要裝飾的合身長褲，是採低腰的設計。頭髮則盡可能在頭頂上綁上馬尾，也能夠表現出輕快感。腳則穿在海邊所穿的鞋（底部是蔴或黃蔴，鞋面則是布製的鞋子），相當的輕快。

渡假裝

充滿年輕感的水手
色彩。
在白色棉質襯衫上
加上紅色線條的海
軍式服裝。
稍微在低腰的褲子
上，以白色鈕釦為
主要裝飾。
在褲腳加入稍微的
切縫，享受變化的
樂趣。

在黃昏的海邊，穿著展現雙腿的服裝

在渡假地的宴會中穿著，如在大街中穿，也許會覺得太過大膽的設計，但在大自然中看起來卻很迷人。

尤其，在海邊，光是被曬成褐色的肌膚，就相當具有魅力了。是即使大膽地露出肌膚，一點也不會感到不調和的這種情況。

像人魚一樣的感覺，是加了荷葉邊的纖細的衣服。描繪出身體曲線、性感的剪影，不過，在一側加上了荷葉邊，是營造可愛感覺的設計。

裝飾品也可試著選比平常還大的東西。即使同樣是珍珠，可選大膽設計的，或顏色很美的來裝飾。

當然，穿絲襪什麼的，會顯得土氣。就這樣直接穿上涼鞋就很完美了。若能在涼鞋上注意搭配與裝飾品相同的寶石，那就毫無瑕疵可言了。

在黃昏的海邊

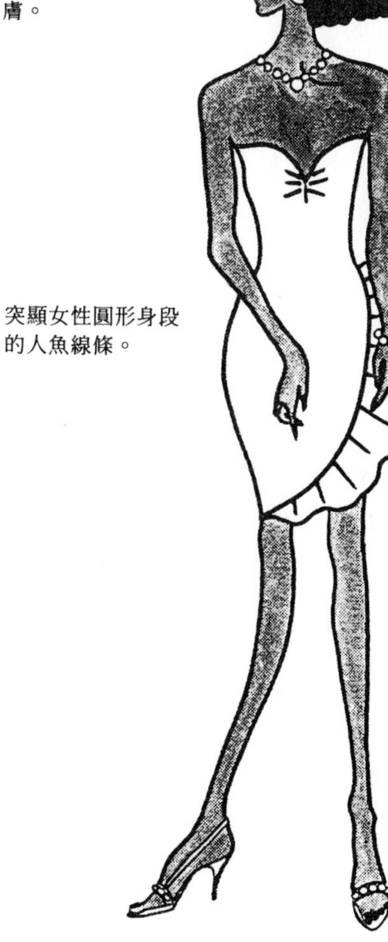

無肩帶的低胸禮服，顯露出健康的肌膚。

突顯女性圓形身段的人魚線條。

不對稱地加上的荷葉邊，充滿了華美的感覺。

華麗的涼鞋與服裝的對比，相當好看。

想發掘全新的自己，就試試海邊的裝扮

用一塊布纏繞在腰間的方式。這也是在海邊渡假的話，可穿的衣服。看起來就像高更的畫中「tahue 之女」那樣的有狂野的感覺。和平常不一樣，已陶醉在自己一個人的世界中了。

泳衣的上面搭配簡單（primitive）的印花布。雖然只是小小的努力，卻已和平常的自己不同，而是發現了另一個新的自己。

印花方面，普遍受到歡迎的伯斯力布或大花朵，自然的風景等等，其實有很多，首先就從選一條最喜歡的開始吧！穿在身上的方法有東洋風，也有薄毛織調的，變化很豐富，現在就介紹最簡單的吧！

在腰部稍稍落下地打個結，展現出自然的裙褶。

註：伯斯力布（paisley），印有月牙形圖案的布料。

海邊的搭配

發揮泳裝上衣的
joy full 的搭配。
只是將一塊布捲在
腰上，渡假的氣氛
更是加倍。
古典的印花的主題
，pezuly　和流行
沒有關係，很受歡
迎。
在腳踝處打結的皮
製涼鞋，有狂野的
感覺。

將頸背挺直，是穿迷你裝美的秘訣

好像也有膝上二十公分以上，大膽的迷你裝（Mini-dress）及迷你裙，不但是當作外出服，連晚宴服也相當地普遍了。光此點，就可說是迷你的一般化了吧！

穿著時，美麗的關鍵不用說，固然在於要有雙保養細緻、修長的腿，但比起這點更重要的是，要有挺直的背脊。也就是說要有正確的姿勢。特地穿了迷你裝，卻駝背又毫無活力，那就完了。快樂、有朝氣地好好穿吧！

盡可能地結合精簡與單純設計的迷你裝，在衣領處增添一排特殊的珠寶飾物，就成了唯一的突出點。

這樣簡單的設計，會將身軀的形狀完全地顯現出來，所以如何能美麗地穿著，特別建議多商榷背部的姿態。

迷你裝

大開口的圓領上裝飾有特殊的珠寶飾物。
將身體曲線清楚浮現的女性化的立體輪廓。
具伸縮性的材質，緊貼著身軀，使之合身。
膝上十五公分以上的超迷你，更強調了年輕的印象。

想要擁有自我創造性的牛仔褲

牛仔褲在我們的生活中，是牢固不可分的。如何將自己的穿法穿在身上，完全靠不同的想像力。不單是不做作地穿，還要在某處擁有自己才有的創造性。

例如，藍色襯衫要配上鮮紅的腰帶與手鐲。太陽眼鏡的鏡框也搭以紅色，這樣看起來如何呢？

從牛仔褲的末端折起三公分左右來穿，也不錯吧！其中也有不好好地計算長度，而折了二次或三次的人，但請不要如此做。

鞋子雖是以膠底帆布鞋或網球鞋為主，但在逛街時穿著的場合，配上柔軟的無跟鞋（原本是北美印地安人所穿的鞋子，鞋尖的部分改為U字形的設計）或是長筒馬靴，也許會很有意思也說不定。

牛仔褲

太陽眼鏡不只用來
保護眼睛免受強光
的照射，也是很重
要的裝飾品。
基本的襯衫形式之
一，是領尖較短的
襯衫。
加條色彩突出的細
皮帶吧！
充滿清潔感的膠底
帆布鞋或網球鞋，
相當的好。

在夏季的宴會中，活用短外套

說起夏季，應可說是服裝整體改變的時候。

在那時想要推薦的是有腰身剪裁的短外套（Short jacket）。

特別是這種設計的衣服，也被稱為合身短外套。第一次出現是在十九世紀的時候，所以從追溯衣服的歷史來看，也不是那麼古老的樣式。

要使一套衣服一致的話，仍然建議使用黑白或深藍等無色彩系的無花紋布料。下身穿著窄裙，外套若是黑或深藍色的話，可搭配白色或象牙色。相反地，若外套是白色的，則下面可搭配黑或深藍色，如此運用兩種顏色來搭配看看如何?應該會有俐落、爽快的感覺。

服裝方面使用兩色的話，高跟鞋也配上同樣的兩色搭配，應更能增加裝扮的感覺。

短外套

在小打折的衣領上
加上領結。
有腰身設計的外套
，特別又稱為合身
短外套。
從衣領直到末端削
尖的衣襬中，加上
繡花，是為特色。
使用兩色的高跟鞋
，會予人洗練的都
會印象。

這個季節善加穿著印花衣服

大朵的花或薄毛織印花布料等等，不到夏天就穿不上的印花衣服非常的多。像這樣的薄毛織印花布料或大花圖案的印花衣服（Print dress）能夠盡情地穿著享受的季節，也許也只有夏季也說不定。

設計要盡量地簡單。顏色的調和與些微的差異性，是如何高明地穿著印花衣服，很大的重點。

在無肩式衣服的胸口與裙襬加上荷葉邊，也有輕快動人的演出。在腰部所結的蝴蝶結，也是襯托出女人味重要的因素。

試著使用具幾何意念的裝飾品，來營造出大膽的感覺。

高跟鞋可搭配適合於這種開放季節的涼鞋（鞋子前方開放的設計）。

印花衣服

具幾何意念的項鍊。
可看出從頭部到肩部優美線條的無肩式設計。
大朵花的個性印花，在盛夏的太陽下十分有魅力。
指尖露出的涼鞋，是與赤腳類似的高跟鞋。

展現性感魅力的低胸小禮服

所謂的低胸小禮服（Bustier），原本是指無肩式的長裙式內衣，而現在，同樣設計形式的上空式服裝也被如此稱呼。

從肩部到胸部的曲線完全顯露，展現出性感的魅力，所以經常被用來當作晚宴服或晚禮服。

材質從自然貼身的伸縮布料，或易顯出舒適悠閑的絲綢，到加工成硬質觸感者及用皮革製成等等，實在是相當地富有變化。

這裡舉出的例子，在裙邊加上二層荷葉邊，表現出人魚的印象。華麗的涼鞋則採用與衣服同色系。還有，在飾物方面則選擇具有重量感的黃金耳環及項鍊。

此外，再準備蕾絲的披肩說不定會更好。

低胸小禮服

使曬過的肌膚更具
展示效果的無肩低
胸小禮服。
有沉穩性及重量感
的黃金項鍊。
在裙邊加上二層荷
葉邊，給予人魚的
感覺。
與衣服顏色一致的
設計華麗的涼鞋。

不要隨便地穿，而要有個性地穿著附帽子的防水外套

據說附帽子的防水外套（Parka）原本是俄語中「毛皮製的上衣」或「愛斯基摩人的禦寒裝」的意思，但現在則是指附帶帽子形式的夾克外套。雖是滑雪等冬季運動中的必需品，但也是夏季中快艇之類的運動中不可或缺的裝備。

除了棉製，平針毛料等材質之外，也有可以折疊得很小的較薄的尼龍製的衣服，隨時準備一件，當下起雷陣雨時，將會是件寶物。

與短褲或褲裙搭配的外套，洋溢著健康的魅力，但是與白色棉質褲子或牛仔褲的組合也令人愛不釋手。

穿著這種運動式的服裝時，所搭配的飾物只能限於不顯得多餘的，如耳環等程度的飾品，如此俐落的穿著，才能傳達出躍動的年輕氣息。至於達到完美裝扮的要點，則在於盡量地表現出服裝的特色，此外，充分地穿出自己的個性，才是最重要的。

附帽子的防水外套

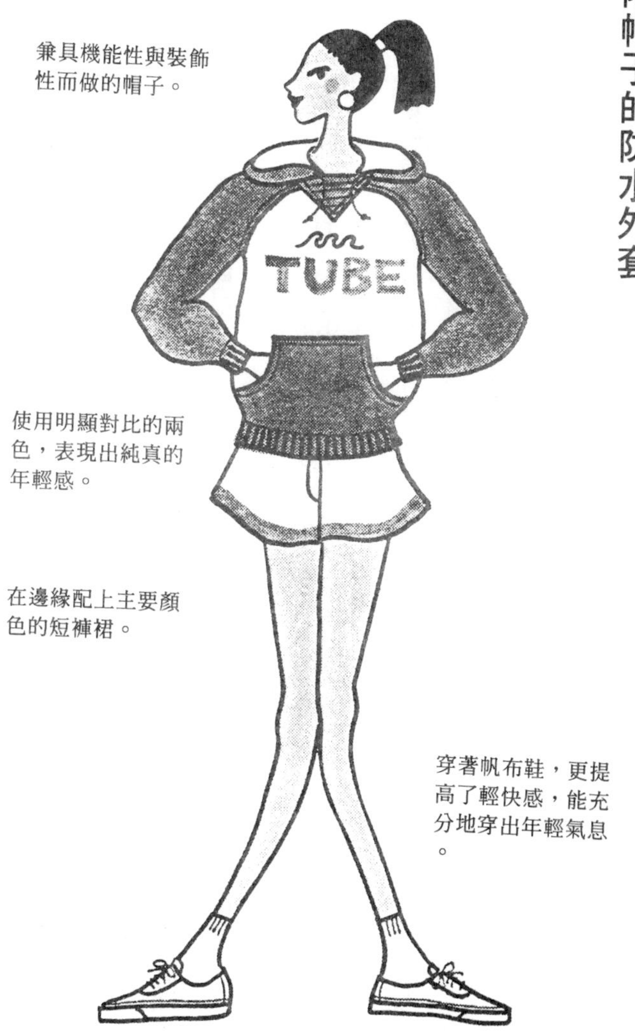
兼具機能性與裝飾性而做的帽子。
TUBE
使用明顯對比的兩色，表現出純真的年輕感。
在邊緣配上主要顏色的短褲裙。
穿著帆布鞋，更提高了輕快感，能充分地穿出年輕氣息。

秋天的服裝

在這個能享受沉著穩定裝扮的季節，可一方面決定自己的主題色彩，另一方面，也是檢視服裝最好的時刻。換穿各式各樣的外套，說不定可以發現另一個全新的自己。

所有服裝中，最優先想要購齊的西式套裝

不論是對男性或女性來說，在所有的服裝形式中，最優先想要齊備的衣服，就屬西式套裝（Tailored suit）了。會如此說，不僅是因為它們的普遍性，而且，因人而異，會有許多不同的穿著方式，具有相當多的表現力。

使之穿著完美的要點，在於不要上下裝分散零亂地搭配，或破壞了原來的輪廓，以及不要太樸素。

材質與設計即使採用男性化的要素，要有完美的表現，則終究不能忘記女性的特質。

西式套裝

在男性雙排釦西服
中常見的這種衣領
，稱為尖領。
織出的花紋既樸素
又相當細者，被稱
為細條紋或鉛筆條
紋。
非對稱性的領子，
點出不調和的趣味
性。

軍用繫腰帶雨衣，也有可強調之處

如果說斜紋呢料的堅固是軍用雨衣（Trench coat）的魅力之處的話，也言之太過了吧！在第一次大戰中，由義大利發明的戰場外套，曾經是男性的專用品。雖然是以男性化的堅固材質製成的外套，卻反而也造成了是強調女性化及性感化的相對說法。

對穿著這一方面，也要求纖細感的軍用外套，要選擇質好且稍微大一點的來穿，是很重要的。

不同於以往蓋到小腿長度的外套，現在逐年受歡迎的是四分之三的長短或一半長度的較短之形式。

穿著有神祕味道的長大衣深具魅力，但若回到活動力強的現代生活中，還是較短的大衣較合適吧！

軍用繫腰帶雨衣

肩章及口袋原本的剪裁是為了功能優先，但現在幾乎都是為了裝飾而加上去的。

雙排釦的形式也是此種大衣的特徵之一。

材質以棉斜紋呢料及絲質防水布等較為普遍。

男性化的帶鈕釦的鞋子，很適合此種大衣。

西褲佔有相當大的分量

原本是屬於男性服裝的西褲（Pants），藉著穿法的不同，卻也成為最能突顯女性味道的服裝。

要盡量地選擇較傳統的設計。為什麼呢?這是因為女性西褲在高腰骨的部分會加寬，結果會造成臀部較長與較大。所以，與腰部的平衡性是很重要的。

此外，擁有相當具分量的，也就是到達腰部的長度，這也是將西褲完美地穿著的重點。例如，要與外套搭配的話，比起短外套，能夠蓋住腰部的較長外套，應該更能襯托出纖細的身材。西褲以精毛紡織物或法蘭絨質的布料，顏色用黑色或灰色或咖啡色系最容易與外套搭配。

另外，準備一件蘇格蘭呢的外套也不難搭配。最好，裡面要配上絲質的襯衫。

大人的西褲

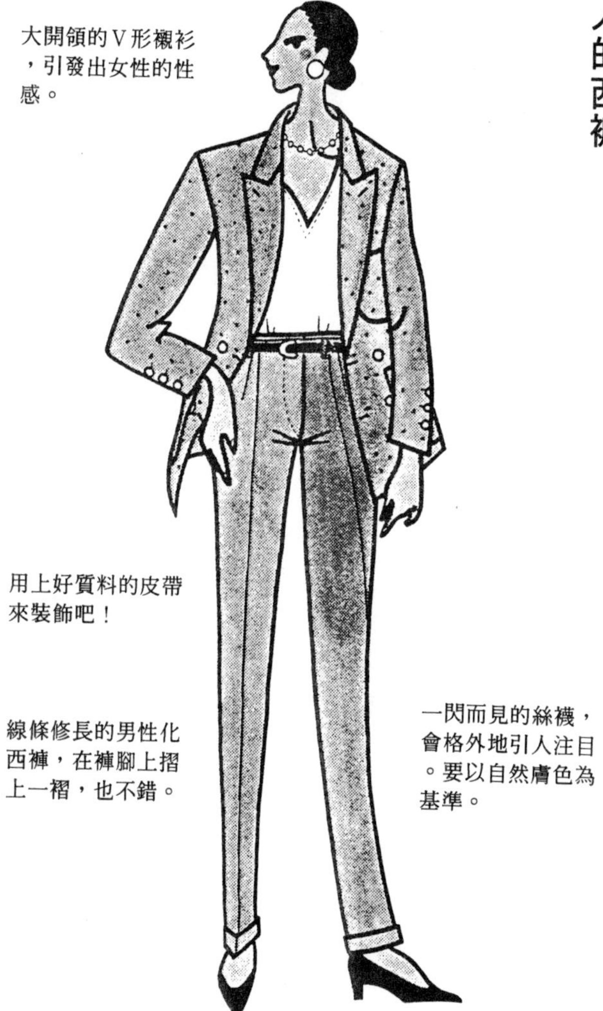
大開領的V形襯衫
，引發出女性的性
感。
用上好質料的皮帶
來裝飾吧！
線條修長的男性化
西褲，在褲腳上摺
上一摺，也不錯。
一閃而見的絲襪，
會格外地引人注目
。要以自然膚色為
基準。

古典的駕駛服裝

即使是女性，也有想要完全沉浸於飛馳的時候。在那個時候，可試試看在機能性中還能照亮女性特質的駕駛裝（Driving wear）。

在領子與袖口上綴上皮毛，在腳踝處縮口的長褲，最後再加上鋼盔型無邊帽以及護目鏡。穿這樣看起來很適合駕駛古典型的車子。

衣服使用雙層領（使鈕釦或拉鍊隱藏起來的設計），服裝也要使之充分地適合身材，此外，還要戴上頭盔及護目鏡來保護頭部。如此，即使是開敞蓬車，也不用擔心。

穿著駕駛服這種擁有特定目的的衣服時，必須將它的機能性充分地表現出來。如此一來，就能夠充分完美地享受自己要做的事了。

駕駛裝

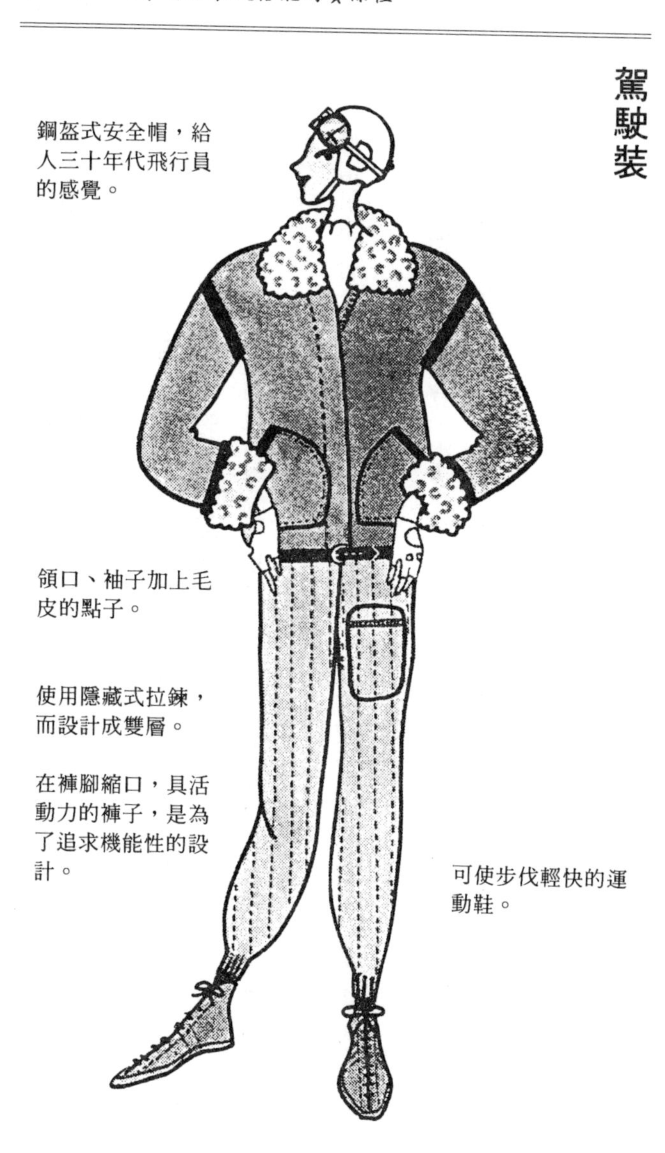
鋼盔式安全帽，給人三十年代飛行員的感覺。
領口、袖子加上毛皮的點子。
使用隱藏式拉鍊，而設計成雙層。
在褲腳縮口，具活動力的褲子，是為了追求機能性的設計。
可使步伐輕快的運動鞋。

堅固、易穿的休閒外套

休閒外套（Country jacket）為了符合用途，有各種不同的形式。例如，享受狩獵時穿的狩獵裝，以及騎馬時穿的騎馬裝等等。

這些衣服，首先必須要具備堅固、易穿這幾個條件。在材質方面，可舉幾個代表性的例子，弁慶格子布、魚脊型圖案布料。

像這種本來是為了某種目的而設計的衣服，若能技巧地將它當做逛街穿的衣服，也會很有趣。

請好好地利用像窄緣登山帽或大圍巾等等小物件。尤其是披肩、圍巾有長方形、正方形、三角形等多種形狀的變化，當然在顏色及材質方面也富於變化。購置幾條就可完美地變更穿著。喀什米爾製的披肩，配色也很美，據說也可使用很久。

休閒裝

在提洛爾地方經常使用的關係，所以叫做提洛爾帽。是毛氈製成，在旁邊可看到加上了羽毛或釦子。
從義大利的蘇格蘭群島中的哈里斯島生產的蘇格蘭呢。網眼大是它的特徵。
披肩或領巾擴大了穿著方式的領域。
在服裝上繫上皮帶設計的衣服，特別又叫做有腰帶式服裝。

黑色的七分褲配合什麼顏色都很自在

據說本來是指纏在腳上的繩子，但現在則是將緊貼腳部到腿肚長度的褲子叫做七分褲（Spats）。具伸縮性的材質豐富了起來，故可說是此種衣服材料的主流。

穿著時可增添穿著的輪廓，自然貼身，而且也有很好的緊縮效果。不用說，看起來也很年輕。黑色的七分褲不論與什麼顏色都很好配。而且因應四季的材質布料也很多。

秋季到冬季用具分量感的安哥拉羊毛或絨製品看起來也不錯。上面穿著具分量的衣服，下面則穿合腳的鞋子，看起來該會很俐落與修長。

拿著校園式的大包包，瀟灑地走在街上吧！只要這樣，就可感到快樂的氣氛了。

流行的七分褲

使用有飄逸感的毛
海編織物作成的外
衣。
以具伸縮性材質展
示出服貼感的七分
褲。
輕便的裝扮配上半
高跟鞋，非常適合
。
校園式的素面肩式
大背包。

穿著外套式羊毛衫套裝，可享受衣服搭配的樂趣

穿著無領的羊毛衫形式的套裝，可藉著下面組合服飾的不同，而享受多種風情。若穿絲質的襯衫，有些許作態的感覺，若換上高領毛衣，則有平易近人，逛街時所穿的衣著之感。配上到膝長度的摺裙，材質則以無花紋的毛料或有格子花紋的布料為代表。

在此，則以有著像蝴蝶結般衣領的襯衫來搭配。

套裝的上衣的鈕扣是重點設計，所以要注意使領口俏麗地並清楚地看到。至於袖口則可選在輕舉手肘時，使襯衫稍微露出的長度。衣服太緊的話，反而會有強調身軀之感，裙子之長度亦同。所以還是要費心地注意對自己最適合的衣服。

外套式的羊毛衫套裝

表現領口蝴蝶結之美的襯衫。

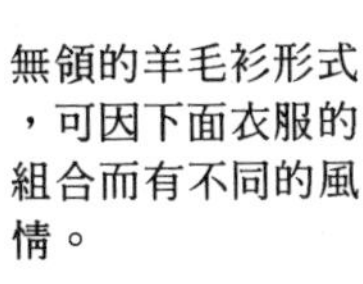

無領的羊毛衫形式，可因下面衣服的組合而有不同的風情。

到膝長度的打大褶的褶裙，使穿著更完美。

針對戶外活動設計的狩獵裝

本來是指在東部非洲進行狩獵或探險的旅行等活動，採取與當時所穿的衣服相似的款式，再加上機能性與感覺的服裝，就稱為狩獵裝（Safari look）。

狩獵裝以富有活動力與荒野的感覺為重點，但這裡所舉的例子則將這種感覺表現在縫補上去的口袋，與捲起的袖子上。

衣服要使之輕便，易於活動，並且有將袖子上的釦子解開，就可變成長袖的設計。

腳上可試著穿像探險家所穿的傳統式長統靴與襪子。

高統式的長統皮靴，配上長裙或短褲都非常的適合，想要有荒野的感覺或想要有紅髮安妮那樣的古典少女裝扮時，都可如此穿著。再戴上傳統的硬式狩獵帽或狩獵背心來搭配也很好。

狩獵裝

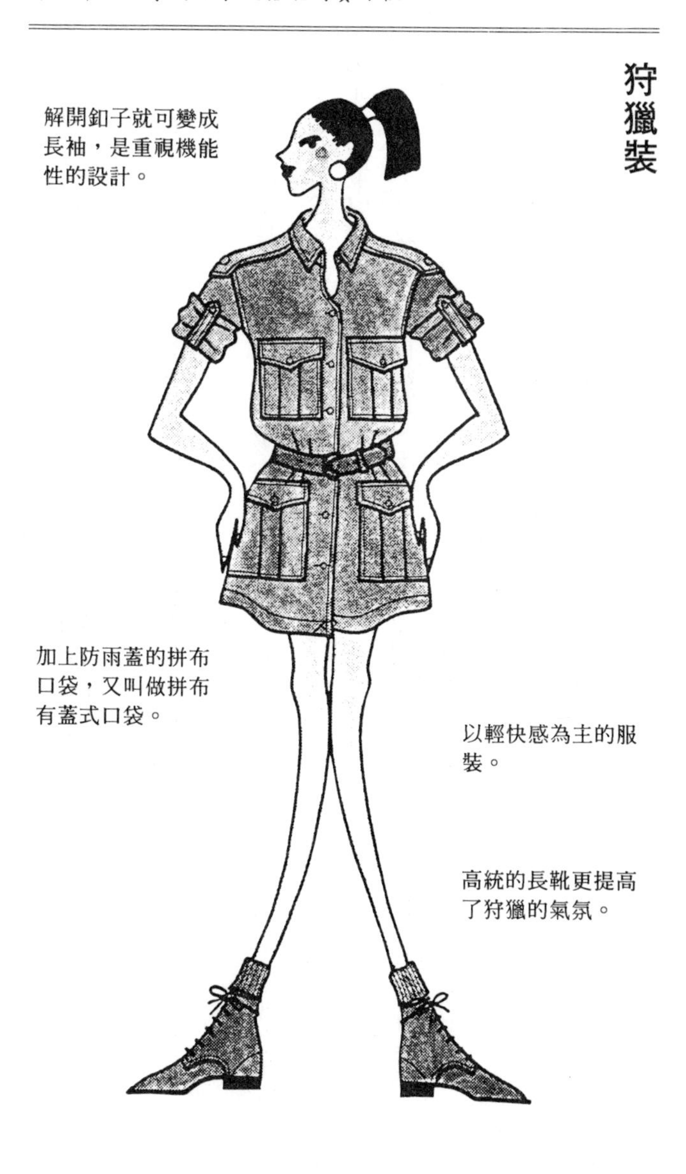

解開鈕子就可變成長袖，是重視機能性的設計。

加上防雨蓋的拼布口袋，又叫做拼布有蓋式口袋。

以輕快感為主的服裝。

高統的長靴更提高了狩獵的氣氛。

穿軍便服上衣加上窄裙將具女性魅力

衣服用皮帶或橡膠等收緊，使上身具有膨鬆感的衣服，特別叫軍便服（Blouson），運動服亦有同樣之意思。

據說原本是「將球放入袋中」意思之寬鬆上衣（Blouser），或者是為表現悠閒，使上衣寬鬆（Blouse）等來自法語的意思。原來主要穿的人是狩獵家或釣魚家，但後來，也開始運用做軍服或供婦女穿著。

現在，登場的材質有絲質、皮質，還有具塑膠性、琺瑯性的質料以及斜紋布料等。但這並不表示要粗糙地穿著，若穿上修長的裙子，將女性感充分地穿出，也是非常好看。

戴上大的、有個性的耳環及添上中意的領巾等等，可以好好地探索具有自我個性的穿法。在領巾方面，除了正統式地在領上纏繞幾圈外，簡單地搭在肩上的方式也很不錯。

軍便服

兩側縫有上端斜切
的加蓋式拼布口袋
採用鈕釦來固定的
處理方式之袖口。
將服裝用皮帶或橡
膠收縮，使上身具
膨鬆效果的剪影。

冬天的服裝

到了裝扮上要加上「防寒」的實用性功能的季節了。外套或其他的衣服也要注意優雅性。此外，自己的裝扮也要好好的注意。而檢查這個季節中不可缺少的小配件的檢視，也是重點。

A字型的連身外套，迷你裙式顯得有活力

裙幅寬廣的A字型外套，有長度很長的，但到膝蓋以上之長度者，具現代化，且變化也很豐富。像這樣的形式，特別叫做A字型線條（Trapèze）。是極想要推薦給佳人的外套。

從領部到袖口的剪裁，將身體前後的質量感充分顯現，此外，也具有女性化的纖細感。其餘部分盡可能地簡單，看起來較沉穩大方，在酷寒的天氣中，再配上厚緊身衣褲或長筒靴，看起來也很不錯。

A字型的連身外套

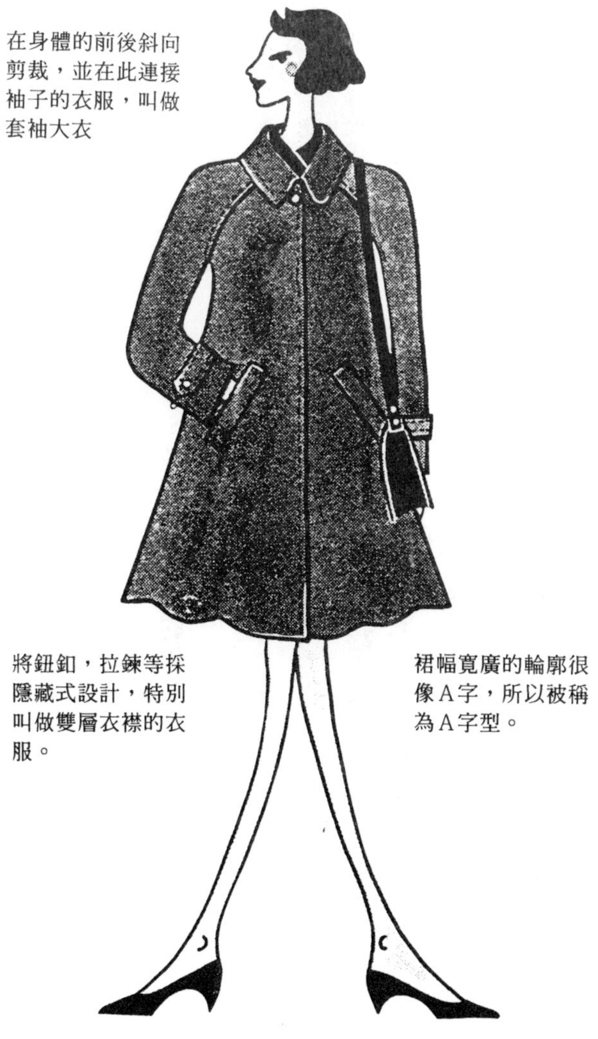
在身體的前後斜向剪裁，並在此連接袖子的衣服，叫做套袖大衣
將鈕釦，拉鍊等採隱藏式設計，特別叫做雙層衣襟的衣服。
裙幅寬廣的輪廓很像A字，所以被稱為A字型。

在傳統的外套上加上領巾

使用所謂的喀什米爾羊毛、駝絨、羊駝呢等最高級的材料製成的傳統外套(Wrap coat),也許比毛皮外套還要奢華也說不定。

雖說因為大部分的建築物已有完備的暖氣設備,再加上地球的溫暖化,使得冬天一定要有外套的觀念逐漸地改變了,但外套卻仍是冬天的必需品。

特別是傳統式的,它能將穿者的魅力極其所能的發揮之優越性,是任何其它的形式所取代不了的。就是這種外套能夠真正地名符其實,故受到了長久的愛顧。

從衣領開始交叉,附上袖子與袖口等,在這些主要部分加上刺繡的設計,就是這麼簡單,卻應能吸引許多的人來穿著。

比起穿著從稍大的領口可看到的毛衣或襯衫,不如加上領巾或圍巾,更能予人俐落的印象。

外套

在下擺的地方稍呈
圓形，並在邊緣上
加上刺繡，增加精
緻性。
這種外套就像和服
一般要重疊交叉。
頗具古典味道的折
袖（好像摺了一次
般的二層袖口）。
不忘記手套的裝扮
，即使寒冬也能快
樂地渡過。

欲穿出韻味的單排釦式外套

原本是指將鈕釦遮住，有著雙層衣襟，在領口與口袋處加上天鵝絨的男性穿的外套。據說是因為非常受到義大利的查斯特菲魯伯（Chesterfield）四世（也有人說是六世），菲利普・德魯曼・斯坦霍魯的喜愛，所以如此稱呼。

此外，雖然是有六顆鈕釦的設計，但整體的感覺一樣的話，還是叫做單排釦式外衣。因為這是男性外套中線條最優美的，所以會想要享受充分發揮其原有獨特風格的樂趣。

尖形領的上端與口袋的蓋子，都加上了天鵝絨，但最適合外套本體的材質，應屬摩沙（mossa）與喀什米爾毛料了。顯露出高尚的品格，而且是不會受流行左右的古典式設計，是即使經年累月也只會更增添自我風格的外衣。

單排釦式外套

將主要色彩或自己最喜歡的顏色的領巾繫在領口上，感覺更出色。特別是白色最能強烈地表現貴族的氣質。
在領子上與口袋上加上天鵝絨是此種外套的特徵。
使衣服稍具線條，增添身體曲線的輪廓。
繫鞋帶式兩色高跟鞋，可表現男性色彩的感覺。

粗呢短外衣不論配西褲或牛仔褲都很適合

是從前船員為了禦寒所穿的一種短大衣。

縱向剪裁的口袋，是為了要在船上作業時，能將手插進去以保持溫暖的實用性存在，但現在也成了不可或缺的設計重點。

墨爾登呢製及深藍的顏色非常普遍，因此不論是休閒裝或正式的服裝，大概都是相同式樣，是應用很廣的服裝。

穿粗呢短大衣（Pea coat）時，與其使用皮製手套，不如用皮與布合製或毛線編成的手套，會更為相配。

在強風或寒冷的日子中，還可使用自己喜歡的長圍巾繫在脖子上。

因為外套的顏色是基本色調，所以可以鮮艷之色來襯托。

粗呢短大衣

裡面穿著有錨形圖
案的高領毛衣……

所謂的為了乘船而
穿的粗呢短大衣。
較短的長度是為了
行動方便而設計。

縱向剪裁的口袋據
說是為了使手部保
暖。

細長的褲子，予人
活力的感覺。

營造出優雅氣氛的短斗蓬

無袖的外套叫短斗蓬（Cape）或長斗蓬。通常比衣領還長，而不似長斗蓬那麼長的叫短斗蓬。但到底怎樣的長度叫長斗蓬、怎樣的長度叫短斗蓬，若要嚴格區別的話，實在也很難。只是特別短的短斗蓬，因為既小又可愛，所以常被叫做短斗蓬。

與普通外套不同的是，它能夠襯托出獨特的優雅風格，所以自古以來就受到歐洲各地的喜愛。在日本明治或大正時期，也是男子經常穿著的服飾。直到近幾年，又重新看到它的出現。

因為無袖，所以行動會受到限制，但相反地，這也是能襯托出優雅氣質之因。

據說擁有質感的質料很多，但只有選擇了上等材質，才是能保持美麗倩影的秘訣。

短斗蓬

準備一條與短斗蓬
相同質料的細長圍
巾，更可襯托出完
美的裝扮。
衣擺圓形的剪影是
短斗蓬的特徵。具
有普通外套所沒有
的優雅感。
到膝的長統靴相當
具有防寒功能，穿
著馬靴也不錯。

以都會感覺的皮革，襯托出成熟女性的洗練

獨一無二能將都會洗練的成人氣質充分表現的物質，只有皮革——毛皮或鹿皮。它所放出的不可思議的沈著感，具有難以言喻的魅力。

這大概是因為皮革已不再是冬季專用的質料，如今已衆所周知它的運用時節能夠涵蓋四季之故吧！

穿這種富含六〇年代氣氛的衣服，繡花與金屬環成了設計重點。

大膽展開的衣領，與身體曲線服貼的剪裁以及迷你裙，在在顯示出成熟女性的洗練感。

將袖口的拉鍊半開，享受一下粗獷的感覺。

顏色以黑色或咖啡色最好。

具成人感的皮革

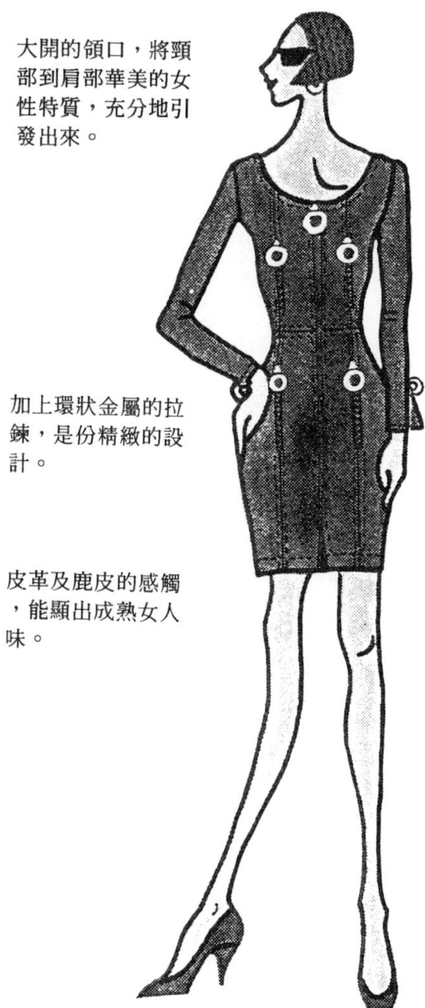

大開的領口，將頸部到肩部華美的女性特質，充分地引發出來。

加上環狀金屬的拉鍊，是份精緻的設計。

皮革及鹿皮的感觸，能顯出成熟女人味。

與布料同色的刺繡，描繪出身體的曲線。

心情不錯的日子，可穿上蘇格蘭呢套裝當外出服

採用與羽毛帽或豪華皮帽相同材質來搭配衣領。穿上相當具重量感的蘇格蘭呢套裝，是冬天裡即使沒有外套也不怕寒冷的最佳逛街服飾。

一說到逛街服飾，不論如何，總很容易產生以輕便為主的印象。但偶爾也會有想好好打扮一下再出門的日子。在這種特別的日子，所想穿的，就是這種蘇格蘭呢套裝。

在兩側各附有的兩個口袋上及衣服交接處及袖口上，裝飾著相同的釦子。在衣服上結上細帶，是充滿了愛的氣氛的設計。

再穿上最中意的高跟鞋來搭配吧！是香奈爾的愛用者的話，就說是穿上香奈爾的高跟鞋吧！用不同色調的兩色搭配，相當優雅。此外，可別忘了軟皮的手提皮包。

穿上此種衣服時，比起肩帶式皮包，還是手提式皮包較適合。

冬季外出服

帽子與衣領採用相同的羽毛或毛皮材質，是很豪華的設計。

使用細皮帶將衣服紮起來。

外出時，手提式皮包較肩帶式適合。

穿上時髦的香奈爾高跟鞋，十分地優雅。

冬天的運動服選擇鮮艷的顏色也不錯

非在冬天不能做的運動有很多，但最具代表性的就屬滑雪。此時只靠滑雪裝是無法取得注意的，所以在滑雪場上的裝扮要多加注意。

明朗色調的滑雪褲加上雪花結晶圖案的毛衣，穿上鮮紅色的防風夾克，再配上綠色圍巾，看起來如何?在純白的雪的背景中，充滿純真感與充滿了色彩，看起來也不致太濃艷。因為是以運動為主目的的服裝，防寒是當然的，使用防雨、雪的材質，此外，行動方便的設計也是不用說的。

尤其，編有網目的毛衣，可搭配棉質打摺短裙及七分褲，是相當適合滑雪的衣服。

冬季運動服

編入羅曼蒂克感的
雪花結晶毛衣。

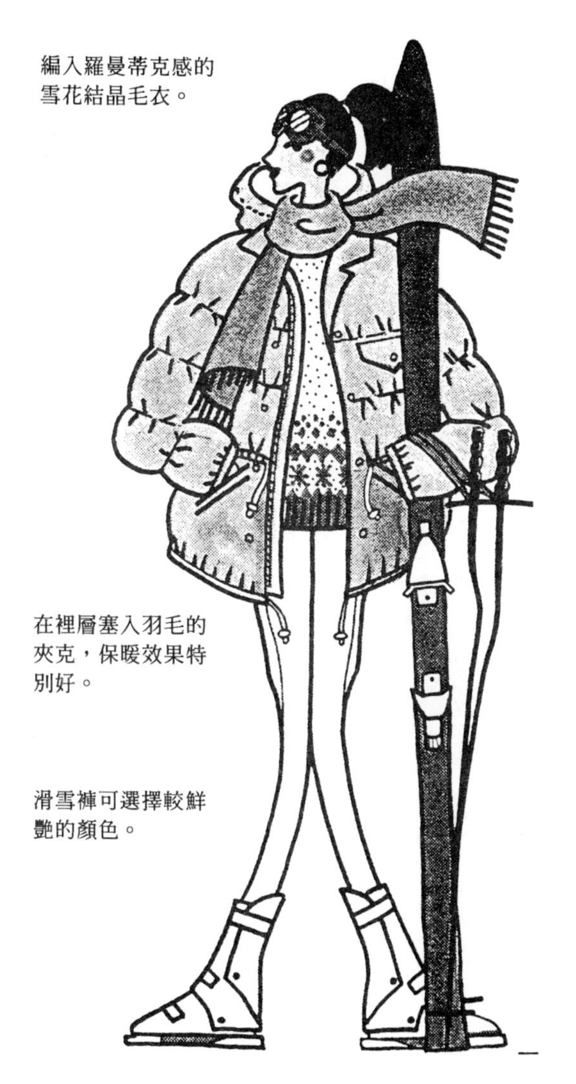

在裡層塞入羽毛的
夾克，保暖效果特
別好。

滑雪褲可選擇較鮮
艷的顏色。

以過膝長裙穿出高尚感

長裙能將迷你裙表現不出的優雅氣質表現出來。黑色絲質或毛料的長裙可說是演奏會或正式宴會上的寵兒吧！

裙子的線條筆直，且稍具有波浪狀。這是使用斜紋布做成的，具有立體的輪廓。上面穿式樣簡單的絲質襯衫，裙子上不僅加了與耳環搭配的寬鬆腰帶，襯衫的釦子也使用珍珠，是能將女性的優雅與高尚氣質充分地引出的服裝。外面可加上長斗蓬或古典形式的外套。

若可能的話，攜帶無釦式手拿皮包，鞋子當然要穿高跟鞋，配上自然膚色或黑色的絲襪，後面有線條的絲襪也不錯。頭髮則挽成小小的髮髻較好。

過膝長裙

以前面重複打褶為
重點的絲質襯衫。

與耳環搭配的裝飾
用珍珠腰帶。

手拿式皮包也表現
出女性高尚之氣質
。要注意選擇材質
。

裙襬稍有波浪狀之
古典式過膝裙。

穿著晚宴服，感覺像愛情小說中的女主角

十二月份可說是晚宴服（Evening dress）的月份，因為此時的宴會很多，穿上晚宴服的機會也就多了。

將優雅的關懷，做為一件禮服之精髓，在一場新的邂逅中，遇上了令自己心動的人。一改從前自己的一貫印象，試著嘗試愛情故事中女主角的氣氛。

蓋住腳長的衣服，只有在上面縫上蕾絲，增加透明的效果。比起將肌膚露出，這又是更具透明美感之設計。

在蕾絲上，部分地縫上小亮片或固定之線條，增加了光線的效果。在衣擺上，袖口及衣領上所繡之波狀花紋，也具有韻律感，更增添了年輕的效果。

腰部與頭髮上裝飾著大朵的花，具有華麗之感。

晚宴服

頭髮與腰上裝飾同樣的花。

繡上部分會發光的材質的蕾絲，傳達出纖細的美感。

裡面配合無肩式的衣服。

在衣襬、袖口，以及上面的衣領施以波形設計。

在冬季自己編織毛衣，穿出自己的風格

用粗毛線寬鬆地編出上下一套的衣服，也可同時編出同一套的帽子。用棉布製作馬褲，感覺上好像能將冬天之寒冷驅逐一般。

這種馬褲有人稱為 jog pant，也有人叫它 jog pants，但正確的說法是 jod pants。看起來好像是語言學上的知識，但有正確的知識，也是磨練自己重要的要點。

馬褲原本是為了騎馬而設計的褲子。

就像為了要能承受激烈的騎馬運動，從腰部到膝蓋充分地加強，而必須塞入靴子中的膝蓋以下部分，則採緊貼腳部的設計。擁有造型上的趣味性，這也是在現今作為外出服也能受到大眾喜愛的原因。

冬天的編織物

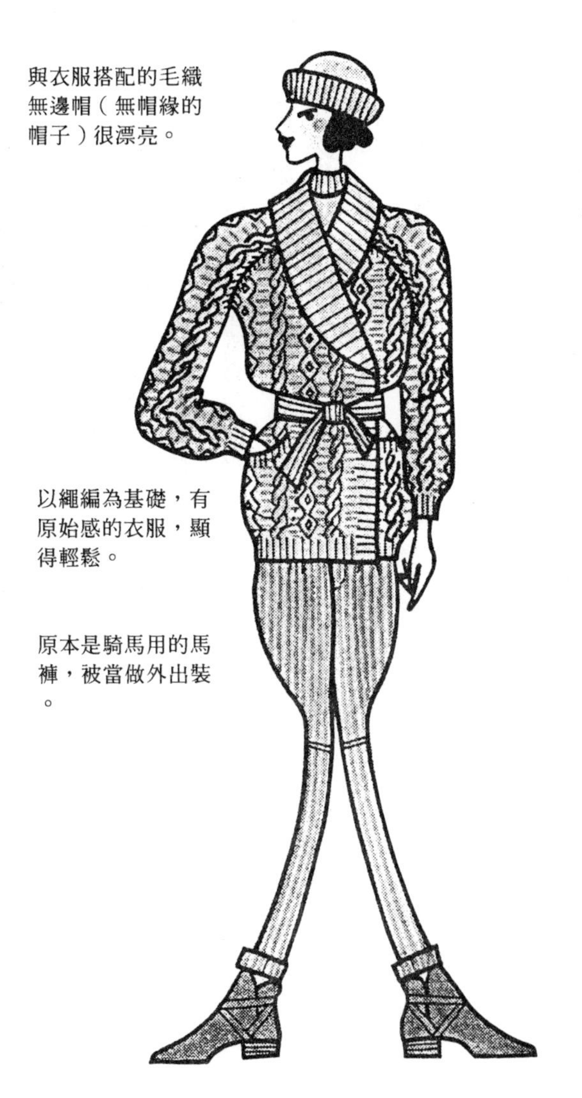
與衣服搭配的毛織
無邊帽（無帽緣的
帽子）很漂亮。
以繩編為基礎，有
原始感的衣服，顯
得輕鬆。
原本是騎馬用的馬
褲，被當做外出裝
。

編織物以繩編為基礎的原始感模樣。有自信的人，自己設計、自己編也可以。材料可容易地獲得，只要耐心的話，就可完成美麗的衣服。

只是，希望不要到中途時說太累了而停止。外套式羊毛衫或毛衣等較大的東西也許會較勉強，但若織較小無邊帽的話，一定能成功。收集多種不同種類的毛線，可試著享受獨特的風格。

例如，有著如天鵝絨般觸感的的緞子，有輕飄飄地感覺的毛海，摻其它顏色的蘇格蘭式以及到處都有縐褶或線頭的形式等等，都值得推薦。

假日散步或遊逛有古老感覺的露天市場時，就是為日常增添色彩的時候，試著向毛織品挑戰看看吧！

腳上穿及腳踝的鞋子或長統靴都很合適。

第三章

要成爲大人必須科目「標準衣著規則」

符合TPO的正式禮服規範

近來由於生活型態的轉變，禮服的形式也可說是千變萬化。甚至到了依時間、場合之不同而穿著不同禮服的程度。

首先，最正式的晚餐會所穿的，叫做低胸露背式晚禮服。這在晚宴服中，可說是較正式的服裝。以頸窩處大大地展開，露出脖子、胸口、背部及手腕之設計為特徵。

在今天，通常是出席與皇室有關之宴會時，必須穿此種低胸露背式晚禮服，但若能有機會穿這種十分有格調又優美的衣服以供回憶的話，也很好吧！在結婚喜宴上，當做新娘的便服來穿的話，相當地好看。

只不過，現在所舉辦的大部分宴會中，設計變化豐富的晚宴服相當多。尤其這幾年的趨勢是要有平易近人感覺的話，可穿裙子較短的衣服或晚禮服，即使是穿著西褲，也不會有失禮的感覺。

在迪斯可舞廳所舉辦的親朋好友的派對等等，由於派對本身的內容很廣，隨著其方式的不同，所穿著的正式禮服也逐漸有所變化，這些也是目前的狀態。

參加不像晚間舞會那般正式的午後派對，或者是觀賞戲劇等等時，穿著午后的禮服，而傍晚後的酒會時，不穿晚宴服，而改穿晚會女便服。只是現在這類的穿法也不十分嚴格劃分，不管怎麼說，還是比較重視如何表現出派對本身的氣氛。

除了這些服裝之外，知道一些帽子或飾品等等，將會更為便利。

不管怎樣，當要出現在人們匯集的場所時，事先先弄清楚：是在何種場所、有些什麼目的以及有那些人出席等問題，再以「好好享受宴會」的心情去挑選適當的服裝吧！

Robe décolletée

技巧地穿著正式禮服的要點

＊露出肩、頸的寬鬆長禮服 Robe décolletée

露出頸窩、脖子、手腕等美麗曲線之設計的衣服，是正式的晚餐會時穿著的衣服。男性類似的衣服，則是有衣尾設計的西服，也就是所謂的燕尾服。

在右頁的設計圖中，是將衣領與披肩合在一起之設計，以淡淡茶色的絲質布料相輔，是充分令人感到女性氣質，表現出貴族風範的設計。

＊晚宴服① Evening dress

在黑色無肩帶式禮服的胸口與裙擺上，綴上鮮麗的薄絹，強調出華麗感。前面稍短，隨著往後延伸而加長的裙子，非常具有羅曼蒂克的氣氛。

關於晚宴服，這幾年來逐漸地有了相當自由的想法。但是，使肌膚有程度地露出，仍是

Evening dress ①

較近正式禮儀的穿法。

在短手套上加上同色的薄絹的蝴蝶結，在高尚的印象裡，也表現出亭亭玉立的年輕感覺。

＊晚宴服② Evening dress

說到晚宴服，通常是指正式、上下相連的禮服，但據說最近套裝式的晚宴服也很多。

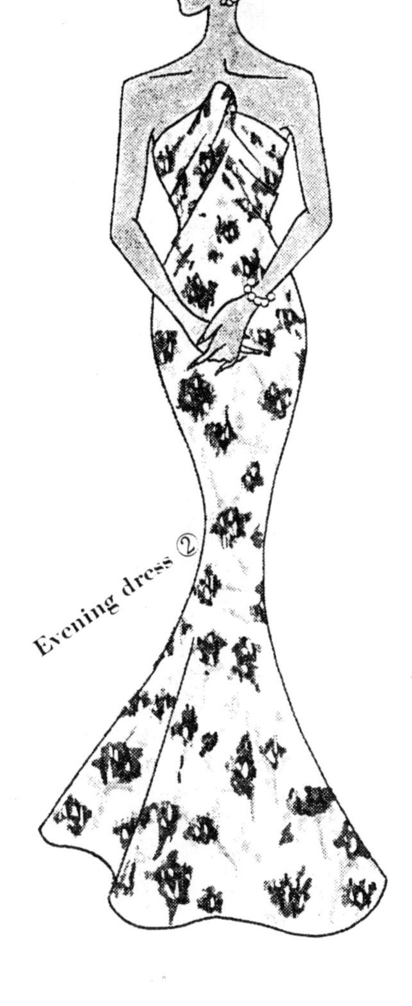

此外，雖有程度的露出肌膚是較好的，但聽說在日本，長袖式的不太露出肌膚的設計較受歡迎。即使是如此，還是希望他們能更有技巧地穿著能美麗肌膚有效果地展現的衣服。

白底上有鮮紅的花朵，突顯出苗條身段之像人魚線條的衣服（會令人想到人魚的輪廓），是令人印象深刻地將頸部到肩部華美的線條，相當女性化及性感化地表現的晚宴服。

*晚宴套裝 Evening suit

也可說是晚宴女便服之易於完美穿著的絲絹套裝。

採用以大鈕釦為重點裝飾的簡單設計，所以可以在選擇搭配的飾品上享受許多的樂趣。平時收集一套，是相當派得上用場的服飾。

此外，在這裡使用與衣服同布料的人造花朵來裝飾頭髮，但偶爾在胸口上放朵胸花，也是絕配。

手套與鞋都採用黑色系，營造出俐落的整體感。

＊黑色套裝式禮服 Tuxedo suit

是從男性的黑色禮服得到靈感的服裝。不但具有機能性，此外也比普通晚宴服更易技巧地穿著，也是擁有高格調印象的衣服。所以可說是相當便利的服裝。

一般說來，上身是剪裁合身的夾克式，下面則搭配西褲或裙子。裙子則從及地式到迷你式都有，而現在也不太嚴格地限制它的長度了。

只不過，當要強調男性化的氣氛時，還是穿上西褲的組合，較易顯出效果。

即使是同樣之黑色絲質，或有光澤的絹布與緞子的情況，試著將風格各異的東西組合在一起也不壞。

不穿襯衣而直接穿著外套也很好，但裡面穿上從稍深的領口可看到纖細蕾絲的襯衫，或繫上中意的領巾也十分不錯。頭髮與飾品盡可能地簡單化，才能增添男性西服的味道。

＊晚宴女便服 Cocktail dress

這是指參加雞尾酒會所穿之服，是介在午后禮服與晚宴服之間的禮服。

與其說它豪華，實際上該是凝聚精緻的感覺較多，衣服的長度也多比午后禮服還短。雖如此說，但在現在，也許認為午后禮服與晚宴服幾乎是沒什麼差別的比較好，也說不定。比起這點來，是否具有可以針對宴會的趣向而正確地挑出適合服飾的判斷力，被認為是較為重要的。

黑色相當簡單的衣服上，加上鮮艷的黃色蝴蝶結，是決定出表現對比的美感的高招。

相當具個性化，卻又不失其高尚感。

＊午后套裝 Afternoon suit

改變後可做為外出或觀賞戲劇的衣服，比起從前的日常服還要有所修飾的衣服——就是被稱為午后禮服，或午后套裝的東西。

尤其是套裝比一件式的衣服應用範圍還廣，所以一定要準備一件。

Afternoon suit

裙子的長度，也是很標準地到膝蓋的話，不論那種場合都能適應，是用途很多的衣服。

剪裁有規律的印花套裝，使用稍具大人味道的氣氛來裝扮會比較好吧！

在穿著平常服飾的場合，絲襪以自然的膚色或黑色來搭配，會很便利也說不定。

這件套裝在胸口上加上蝴蝶結與拉鍊，是個別出心裁的設計。

＊迷你裙 Mini-dress

在生活型態顯著變化的現代，即使是晚宴禮服的裙子，也不只是有及地式的長度的、短的——而且是很短的迷你裝，也登場了。

以整體的印象來說，只要能符合晚間服裝的奢華感的話，裙子的長度該是不太成問題的。

這件衣服也是在基本上採用金、銀線交錯編織，超迷你之設計簡單的衣服。在此，與其說是加上了華麗的要素，倒不如說是相當豪華的晚宴禮服的誕生。

鮮紅的外裙，以黑色為裡，更添加緞帶裝飾更爲突出。

說是不能用裙子的長度來決定衣服的感覺，難道不認為這是很好的示範嗎？

在腰上與髮上添加大朵的花，雖很大膽，但也充分地引出了個人的氣氛。此外，迷你的長度也非常適當。

適合平常穿著的服飾裝飾品用法

因是平常的穿著，所以請享受不需刻意裝扮的樂趣。

不過，晚宴禮服要華麗、便服要精緻，這點還是要牢記才好。

此外，對能襯托出服裝的小配件，也不要忘記賦予細心的注意。

＊裝飾品

與服裝調和是最重要的，但能適合大部分衣著的飾品是珍珠。

只要擁有一些設計簡單的珍珠項鍊與耳環，幾乎就能搭配所有的衣服了。

只是平常的服裝費用，是相當需要計算的，所以最好與設計者或製造者討論，只配戴真正必要的裝飾物是很重要的。不然的話，特意要表現頸部到肩部的曲線之美，卻使用了使曲線產生分斷感覺的裝飾品，反而產生了反效果。

不要太醒目，也不要太冷清，總之，徹底地精通如何使衣服與裝飾品一體化吧！

＊手　套

穿上露出手腕設計的低胸露背式禮服或晚禮服時，要戴上能蓋住手肘的手套，相同的，穿晚宴女便服時，可愛的短手套也是必需品。

正式的手套，有用柔軟的皮製品——麂皮（羚羊的一種），此外，使用蕾絲、絹或金線織成的錦緞等等所製成的例子也很多。

顏色以白色為基礎，但黑色的或是與服裝同布料的，甚至將手套當做主要色調的也有。

在舞會上握手或跳舞時，雖無脫下手套之必要，但若戴的是短手套或入席用餐等場合時，脫掉手套是比較禮貌的。

＊帽　子

基本上穿晚宴服是不戴帽子的，只添加些花或羽毛的飾品。

只是穿晚會女便服時，多會戴上襯托服裝，裝扮華麗的帽子。這種帽子又叫晚會便帽。

就把它想成是，原本雞尾酒會就是用來展示最美麗的帽子的絕好時機吧！

日本人還稱不上擅於戴帽子，但經常戴的話，就會漸漸地熟識帽子，而成為所謂的「帽子臉」了。所以，從平常就開始多多地向帽子挑戰也不壞。

戴帽子時，尤其是在正式的場合，髮型要盡可能地小些，能夠塞入的話，會更具效果。有些人因為考慮到會有脫帽的時候，所以會在頭髮上灑些金粉。依時間、場合之不同，或許這樣做也很好也說不定，但以我個人來說卻不鼓勵這作法。會這麼說是因為希望大家不論裝扮如何豪華，一定要具備優雅的感覺。

＊皮　包

在穿著正式服裝時，比起實用性，皮包被當作裝飾品的性質較多吧！所以也多採用絲質、玻璃珠，珍珠或金屬網狀物等等有豪華感的材質。

在設計方面，懸吊式或手拿式的皮包都有，但不論那一種，都比平常所拿的小，這也是它們的特徵。

＊胸　花

胸花，也就是花飾品，可以說是應用非常廣泛的裝飾物。

做為服裝的一部分而併入設計的情形也很多，其它也有裝飾在腰間、胸口，或做為髮飾的。

材質方面，有薄絲質地或與服裝相同的布料或是皮革等等。

此外，不只戴一個，而是一次戴好幾個，更能顯示出華麗感的方式亦不錯。

＊蝴蝶結（緞帶）

與胸花相同，從衣服設計的一部分到頭髮的裝飾等，用途很廣的，就是蝴蝶結（緞帶）的使用。

式樣簡單的衣服腰上，繫上黑色或主要色調的緞帶，就會變成意想不到的出色服飾。當有必須從辦公室直接前往宴會或突然有宴會時，只要能精於運用這類飾品，將會多麼地有自信心啊！

選擇美與機能一體化的內衣

在女性這方面，所謂的內衣，大體是指裝飾意味很強的貼身襯衣（長襯裙）或襯裙，或是為了成為美麗裝扮的基礎而特別製作的內衣（胸罩）、束腹、緊身衣。但是，特別是在穿著正式服裝時，穿著美與機能性合一的貼身襯衣或內衣，是很重要的。

穿著像露背禮服那樣無肩帶衣服時，無肩帶式的長襯裙或胸罩還是很重要的。此外，穿著大開背部的露背裝時，也必須要準備能與之對應之設計的內衣。

在訂做內衣時，多半會考慮到不僅要適合衣服，還要能完美地修飾身材。但是，在非訂做的情況下，對於使衣服之穿著更為完美之關鍵的內衣，就要非常小心地注意了。

第四章

追求美的「裝扮技巧問與答」

看起來最美的裙子要多長呢？

Q 是否有適合自己或看起來很漂亮的裙子長度呢？如果有，要如何才能找出此長度呢？

A 首先，就從客觀地看所謂的肉體整體美開始吧！這是在造形上找出最美的裙長的先決條件。要注意的，是要看清是否真有美的平衡及必然性的裙子長度。

即使是同樣的身高，因為體型之不同，最佳長度也會隨之改變了。所以為了要知道這點，良好的假縫就是必要的了。像這樣，當知道了對自己而言最美的裙長時，也許可說是真正的裝扮的開始吧！

此外，對較矮的人來說，迷你式會比到膝下的長度更合適。即使腿稍胖了點，也不必拒絕迷你裙。也許是令人意外的想法，但對日本人來說，是非常適合迷你裙的，所以考慮全身的均衡的話，就可毫無問題地完美穿著，且看起來充滿了健康美。

請告訴我能夠襯托出臉的美麗顏色

Q 打算要穿上自己喜歡或自己覺得適合之顏色的衣服，但每當穿上自己認為適合的衣服時，總是會感到衣服有不對勁的地方，為什麼呢？

A 一般而言，領口是白色的話，能夠襯托出腳，若是灰色的，則會顯得模糊不清。但實際上，那是錯誤的。會如此說，也是因為即使有領口的顏色能襯托出臉的話，也並不意味著必須全體看起來都很美，而且也並不能說是相稱的。

衣服的顏色不該只單純地抓住「色彩」，要同時思考質感與樣式，之後才是衣服的顏色。總之，明亮之色並非即所謂之調和的色彩，要從全體的均衡看來適合的顏色，才是調和的色彩。

相對的，也有樸素的色彩卻令人驚訝地調和之例。以此來看，要明瞭「像樸素之色般地華麗的色彩」就不會有所障礙了。

好想戴帽子，但……

Q 總想要試著戴帽子的裝扮，但一旦戴上後，總無法戴出完美的感覺。要怎麼做才能若無其事地享受戴帽子的樂趣呢？還有，也請說明要選擇何種設計款式的帽子較好呢？

A 帽子在裝扮的完成度中佔了很高的部分，這是事實。但是，基本上來說，帽子無法與服裝脫離後仍顯得醒目。過分地陷入只想戴帽子的想法，會導致失敗的。

若想向帽子的裝扮挑戰的話，剛開始可先選擇功能性為主的帽子。例如，可戴戴看以防寒冷為目的的毛線帽。

比起裝飾性，首先以功能性來選擇帽子，如此，以進入能自由自在地享受帽子之樂趣的程序為開端，會意外平順地將自己的個性引發出來。

胸花的配戴方式很難

Q　即使搭配上胸花，僅只如此，胸花會有不固定之感。要怎樣做，才能有效果地配戴呢？

A　若是因為服裝看起來有點單調，才想「就配朵胸花吧！」的方式來配戴胸花的話，這即失敗的第一步。我也不推崇這件衣服也能配，那件衣服也能搭的方式。除非是設計上非戴不可，否則不要隨便配戴類似的裝飾品較佳。因胸花並非使服裝顯得華麗的東西，而是要與服裝一體，形成搭配的東西。

絲襪的顏色要從哪裡決定呢？

Q 雖想試試彩色絲襪，但最後大多還是選用自然膚色的絲襪。這是因為不知該選何種顏色之故，有沒有正確的選擇方法呢？

A 選絲襪的顏色比選衣服的顏色還難。這是因為要考慮不與衣服和鞋子相衝突的顏色。除了膚色與黑色外，就選擇能溶入衣服和鞋子的顏色吧！

此時要注意的是，要避免比鞋子還濃的顏色，這樣比較不會失敗。即使選擇膚色的場合，也並非隨意地選擇。請選擇像水粉底的顏色，能夠將自己的腳更美地展示的顏色。

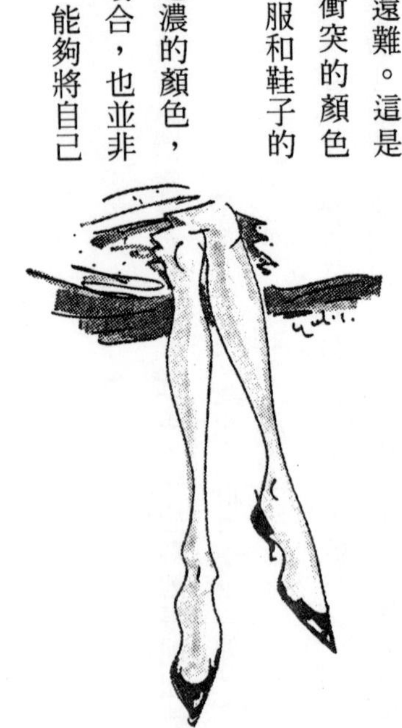

說明拼布的技巧

Q 經常在雜誌上看到方塊布與方塊布，或方塊布與花朵圖樣的布，一塊塊地搭配在一起的東西。只是一旦自己想要照樣組合時，即使努力地做，也做不好。怎麼辦呢？

A 對於搭配拼布的裝扮，取代於必須有超高度的技法，可做出複雜、完成度高的美麗作品。所以，不要終年不斷地做，而是應該試著利用最好的時機。不論怎樣的圖案，都可成為整體中心的氣氛或主調，此外要有基本的顏色。而且只要能使這個基本色與另一份基本色相搭配，即可。

總之，不要被圖案所擁有的氣氛迷惑，分別選擇大致的顏色，將同樣顏色搭配者再互相組合即可。

是大人了，但想要結蝴蝶結……

Q 從小就喜歡蝴蝶結。若可以的話，很想要享受充滿成熟感的蝴蝶結的裝扮，但要怎麼做才好呢？

A 首先，請先看清可愛蝴蝶與美麗蝴蝶結的不同。總之，對於拿來就繫上的使用方法，會流於幼稚與笨拙。若能使蝴蝶結溶合入裝扮中，還能藉它產生優雅的美感。有那種非繫上蝴蝶結後，否則不算裝扮完成的具功能性及必須性的蝴蝶結。也有繫上後，與服裝溶為一體的豪華、大膽的。這可說是最大限度的誇大女性獨有的特權中，華麗的優雅感吧！

在此所結的蝴蝶結若只是將它掛在衣服上，在許多時候，會變成像小孩子的蝴蝶結般的稚拙。

對於決定上班服裝的主題方面……

Q　每當新的季節來臨時，都會買足覺得不錯的衣服，所以上班服裝一直地增多。因此想決定上班服裝的主題並加以整理，但此「主題」要怎麼找才好呢？有技巧之類的嗎？

A　自己到底是什麼呢？自己的觀點又在哪裡呢？是學生、還是職業婦女？以這些來決定所穿的衣服。雖也有以此概念所無法解決的問題。那即是肉體。也就是說，雖有剪裁形式適合的肉體，但最後卻選擇了職業婦女的生活形態。所以，也沒有人會只因為「我的職業是這樣，所以……」的理由來勉強決定自己上班服之主題。

自己的主題是只要能找到自己的人生的話，就自然有會擁有的東西。當然，也不要忘了要客觀地把握住自己的肉體部分。

想要享受露出肌膚的裝扮樂趣

Q 好不容易到了夏天，所以考慮穿露出肌膚的衣服。但對穿大膽的服裝這方面，需要勇氣。

A 肌膚露出並不是要自身很性感。夏天的裝扮是較難以應付的。夏季時，肉體會更接近他人的眼光，這並不單單是距離感的問題，空氣也直接地傳遞了肉體的感觸。所以，並非隨意地露出肌膚，若說是要充分地徹底清潔肌膚之後，才算完成「露出」之裝的話，也不為過吧！

首先，就從努力保養美麗的肌膚開始吧！

說「簡單」，結果是如何呢？

Q 因為常聽人說「簡單是最好的」，但是當想要簡單地搭配時，總會令人有不夠之感。難道這句話不適用於裝扮上嗎？

A 雖知道要有簡單之美，但我想，大家十分不瞭解簡單之困難。這是因為沒有經過必要之浪費，所以無法了解該省或該留之方式。自己磨練出使用最少的東西而能表現最大的美的判斷力，之後才有可能會簡單的裝扮。如此一來，要怎樣做才好呢？這就要在自己的內在保持一份餘裕，不論何時，都要保持一顆能感動而無邪的心。如此，才可進一步地說了解了「簡單」。

有享受便服樂趣的秘訣嗎？

Q 說到便服，一般只是簡單地好看即可。因為會有「反正也不會遇見誰……」這樣的鬆懈感，所以也就隨意地裝扮。想要更能享受日常裝扮的樂趣，但要怎麼做呢？

A 就從在日常生活中擁有高潮的時刻開始吧！不要將這個「高潮」想成「嗜好」也可以，就將它當作是順著整個自然的生活過程中一個小小的遊戲。例如，試著到圖書館一下，或試著在庭院或陽台上過一天等等的變化。只要如此，就能夠充分地改變氣氛了。只是厭煩了總想著刻意的生活情景，經常穿著時髦，與「平常」離得太遠，反而會有無聊的感覺。

就是這種能在生活中深深紮根的裝扮，才與人性的回復有所關連。

想更技巧地穿著毛衣

Q　經常可看到有人能很技巧地穿著簡單的毛衣，但總想不出要如何才能也穿得如此有技巧。他人穿起來較不同，較亮麗。我也想要以與衆不同地完美的感覺來技巧地穿著毛衣。但，重點在哪呢？

A　就從真正的毛衣裝扮開始。如何技巧地穿著一件式樣簡單的毛衣，常可看出此人的感覺。所以，並非一定要決定什麼穿法，而是要將自己的感性慎重地穿出來。當然，在充分地了解絲襪、裙子或褲子、項鍊等的特性之前，不要用來裝飾毛衣，這是最好的裝扮，也是精通、技巧地穿著的秘訣。

重要的是，請不要忘了整體的感覺。

在晚禮服上要披上什麼呢？

Q 穿著晚禮服，一旦要出門時，經常不知道外面該披上什麼才好，常常就什麼都不披，很不對勁地出去了。到底要披上什麼才好呢？有沒有特定的規則呢？

A 衣服外所披的東西，因為是在宴會上會脫掉，覺得較沒關係，結果就會疏忽了。但若如此，特意地穿上好看的晚禮服，反而會有掃興之感。就是要在這部分注意，之後才是正式的服裝。

若是在冬天的話，建議使用毛皮。長外套或斗篷不太保暖，用披肩的話，即使穿著有很大的蝴蝶結，困難穿上外套時也不用耽心。

夏天時，因室內很涼爽，所以蕾絲的披肩即可。

想將過時的禮服做些改變，但是……

Q 以前穿過的喜歡的衣服還想拿出來再穿，但式樣稍稍過時了，所以想做些改變。要注意什麼呢？

A 洋裝在當初設計時，就具有了完全的均衡面。所以無論如何變化，都不會比原來的好。即使想在過時的設計上加些東西，以使它變成新的衣服，但改過的，就是改過的。尤其是要大改變一件式或套裝設計，更是危險。還是想「禮服是不能改的」較好吧！可改的，只有單件式較簡單的裙長而已。

謹慎地穿著雖過時但還很好的衣服，遠比重改還要重要。所以從平常就選些上等材質，縫製牢靠的衣服吧！

考慮渡假服裝的重點是什麼呢？

Q 不知是否因為渡假裝沒有特別的固定形式，所以反而可以怎麼穿都行呢？要以什麼作為基準來選擇才好呢？也想要試著穿與平常所穿的設計，材質等都不一樣的衣服，但請告訴我選擇方式的要點。

A 首先，就從「渡假是什麼」開始思考起吧！簡而言之，就是「赤腳的世界」，也就是指沒有文化、常識等社會性生活的束縛，能從這些各式各樣的東西解放的情形。所以渡假時，就不會穿著辦公服吧！

所謂穿平常不會穿的衣服，就是最重要的事。赤腳走路也沒有必要穿著內衣來束縛身體，頭髮亦不需整燙。也就是從不必要穿衣服的輕鬆心情開始。裝飾品或小東西等，即使是平常覺得太過大膽而不用的，使用起來也許會有意外之效果呢！

衣服的替換，春季與秋季有差別嗎？

Q 打算要好好地留心每個季節衣著之替換，但在春季與秋季時，氣溫沒什麼不同，就會疏忽了。春季與秋季的衣服的更替，是否有差別呢？

A 姑且不論冬天，將春、秋季的衣服併在一起穿著的有很多。有享受季節之樂趣的以及完全具有其它功能的上班服的，共有三季的套裝。但除此之外，也有想擁有具春、秋不同意識裝扮的時候。即使是同樣的粉紅色、藍色與茶色，春天之色與秋天之色還是有微妙的差異。

但這些並無可分辨之法，完全必須靠感覺才能知道。決定春天與秋天不同的，不是氣溫，而是陽光。唯有分辨這點感覺，並將它穿在身上，便自然會知道春裝與秋裝的不同了。

怎樣才能高尚地穿著毛皮呢？

Q 特意地穿上以高價買來的優良毛皮，卻因人之異，有些看起來就是沒品味的樣子。如此一來就是個損失了。如何才能高尚地穿著毛皮呢？

A 也許有品味地穿毛皮不是件難事。換言之，能將穿者的品格就這樣地表現出來的，就是毛皮。此是為了要高尚地穿著而擁有之必然性。

總之，大膽地想，是為了防寒而穿的。而且不要將毛皮想成是特別的東西，要若無其事地穿著。這樣才不會變成被毛皮穿的情形。

最好的毛皮，可選擇像銀狐皮那樣穿著頻率較高的上等毛皮。請別忘了，它不是寶石，它到底還是一件衣服。

穿寬鬆的衣服以遮掩體型，這樣好嗎？

Q

經常聽到有人會不考慮到自己的體型或輪廓，穿著洋裝將體型掩蓋起來。但是，要注意那些點較好呢？

A

穿著寬鬆衣服，會比穿著表現出身體曲線的衣服還能鬆弛緊張。也就是將體型掩藏了起來。所以肉體本身的緊張是必要的，應可鍛鍊身體。雖如此說，但人類成長或衰老是自然現象，將無法以訓練控制的體型遮掩起來，也不是沒有的事。不過為了不要放任不管，精神的緊張還是必要的。

經常集中對肉體的意識，也許就不需遮掩體型了。

總之，穿上寬鬆的衣服，可以有不用衣服強制體型的好處。自己的身心始終同時被緊張束縛著，反而容易造成疲勞的後果。

大展出版社有限公司	圖書目錄

地址：台北市北投區11204
致遠一路二段12巷1號
郵撥： 0166955～1

電話：(02) 8236031
8236033
傳眞：(02) 8272069

• 法律專欄連載 • 電腦編號58

台大法學院 法律學系／策劃
法律服務社／編著

①別讓您的權利睡著了[1]	180元
②別讓您的權利睡著了[2]	180元

• 趣味心理講座 • 電腦編號15

①性格測驗1	探索男與女	淺野八郎著	140元
②性格測驗2	透視人心奧秘	淺野八郎著	140元
③性格測驗3	發現陌生的自己	淺野八郎著	140元
④性格測驗4	發現你的真面目	淺野八郎著	140元
⑤性格測驗5	讓你們吃驚	淺野八郎著	140元
⑥性格測驗6	洞穿心理盲點	淺野八郎著	140元
⑦性格測驗7	探索對方心理	淺野八郎著	140元
⑧性格測驗8	由吃認識自己	淺野八郎著	140元
⑨性格測驗9	戀愛知多少	淺野八郎著	140元
⑩性格測驗10	由裝扮瞭解人心	淺野八郎著	140元
⑪性格測驗11	敲開內心玄機	淺野八郎著	140元
⑫性格測驗12	透視你的未來	淺野八郎著	140元
⑬血型與你的一生		淺野八郎著	140元
⑭趣味推理遊戲		淺野八郎著	140元

• 婦 幼 天 地 • 電腦編號16

①八萬人減肥成果	黃靜香譯	150元
②三分鐘減肥體操	楊鴻儒譯	130元
③窈窕淑女美髮秘訣	柯素娥譯	130元
④使妳更迷人	成　玉譯	130元
⑤女性的更年期	官舒妍編譯	130元
⑥胎內育兒法	李玉瓊編譯	120元
⑧初次懷孕與生產	婦幼天地編譯組	180元

⑨初次育兒12個月	婦幼天地編譯組	180元
⑩斷乳食與幼兒食	婦幼天地編譯組	180元
⑪培養幼兒能力與性向	婦幼天地編譯組	180元
⑫培養幼兒創造力的玩具與遊戲	婦幼天地編譯組	180元
⑬幼兒的症狀與疾病	婦幼天地編譯組	180元
⑭腿部苗條健美法	婦幼天地編譯組	150元
⑮女性腰痛別忽視	婦幼天地編譯組	150元
⑯舒展身心體操術	李玉瓊編譯	130元
⑰三分鐘臉部體操	趙薇妮著	120元
⑱生動的笑容表情術	趙薇妮著	120元
⑲心曠神怡減肥法	川津祐介著	130元
⑳內衣使妳更美麗	陳玄茹譯	130元
㉑瑜伽美姿美容	黃靜香編著	150元
㉒高雅女性裝扮學	陳珮玲譯	180元

•青春天地• 電腦編號17

①A血型與星座	柯素娥編譯	120元
②B血型與星座	柯素娥編譯	120元
③O血型與星座	柯素娥編譯	120元
④AB血型與星座	柯素娥編譯	120元
⑤青春期性教室	呂貴嵐編譯	130元
⑥事半功倍讀書法	王毅希編譯	130元
⑦難解數學破題	宋釗宜編譯	130元
⑧速算解題技巧	宋釗宜編譯	130元
⑨小論文寫作秘訣	林顯茂編譯	120元
⑩視力恢復！超速讀術	江錦雲譯	130元
⑪中學生野外遊戲	熊谷康編著	120元
⑫恐怖極短篇	柯素娥編譯	130元
⑬恐怖夜話	小毛驢編譯	130元
⑭恐怖幽默短篇	小毛驢編譯	120元
⑮黑色幽默短篇	小毛驢編譯	120元
⑯靈異怪談	小毛驢編譯	130元
⑰錯覺遊戲	小毛驢編譯	130元
⑱整人遊戲	小毛驢編譯	120元
⑲有趣的超常識	柯素娥編譯	130元
⑳哦！原來如此	林慶旺編譯	130元
㉑趣味競賽100種	劉名揚編譯	120元
㉒數學謎題入門	宋釗宜編譯	150元
㉓數學謎題解析	宋釗宜編譯	150元
㉔透視男女心理	林慶旺編譯	120元

㉕少女情懷的自白	李桂蘭編譯	120元
㉖由兄弟姊妹看命運	李玉瓊編譯	130元
㉗趣味的科學魔術	林慶旺編譯	150元
㉘趣味的心理實驗室	李燕玲編譯	150元
㉙愛與性心理測驗	小毛驢編譯	130元
㉚刑案推理解謎	小毛驢編譯	130元
㉛偵探常識推理	小毛驢編譯	130元
㉜偵探常識解謎	小毛驢編譯	130元
㉝偵探推理遊戲	小毛驢編譯	130元
㉞趣味的超魔術	廖玉山編著	150元
㉟趣味的珍奇發明	柯素娥編著	150元

•健 康 天 地• 電腦編號18

①壓力的預防與治療	柯素娥編譯	130元
②超科學氣的魔力	柯素娥編譯	130元
③尿療法治病的神奇	中尾良一著	130元
④鐵證如山的尿療法奇蹟	廖玉山譯	120元
⑤一日斷食健康法	葉慈容編譯	120元
⑥胃部強健法	陳炳崑譯	120元
⑦癌症早期檢查法	廖松濤譯	130元
⑧老人痴呆症防止法	柯素娥編譯	130元
⑨松葉汁健康飲料	陳麗芬編譯	130元
⑩揉肚臍健康法	永井秋夫著	150元
⑪過勞死、猝死的預防	卓秀貞編譯	130元
⑫高血壓治療與飲食	藤山順豐著	150元
⑬老人看護指南	柯素娥編譯	150元
⑭美容外科淺談	楊啟宏著	150元
⑮美容外科新境界	楊啟宏著	150元
⑯鹽是天然的醫生	西英司郎著	140元

•實用女性學講座• 電腦編號19

①解讀女性內心世界	島田一男著	150元
②塑造成熟的女性	島田一男著	150元

•校 園 系 列• 電腦編號20

①讀書集中術	多湖輝著	150元
②應考的訣竅	多湖輝著	150元
③輕鬆讀書贏得聯考	多湖輝著	150元

・實用心理學講座・電腦編號21

①拆穿欺騙伎倆	多湖輝著	140元
②創造好構想	多湖輝著	140元
③面對面心理術	多湖輝著	140元
④僞裝心理術	多湖輝著	140元
⑤透視人性弱點	多湖輝著	140元
⑥自我表現術	多湖輝著	150元
⑦不可思議的人性心理	多湖輝著	150元
⑧催眠術入門	多湖輝著	150元
⑨責罵部屬的藝術	多湖輝著	150元
⑩精神力	多湖輝著	150元

・超現實心理講座・電腦編號22

①超意識覺醒法	詹蔚芬編譯	130元
②護摩秘法與人生	劉名揚編譯	130元
③秘法！超級仙術入門	陸　明譯	150元
④給地球人的訊息	柯素娥編著	150元
⑤密教的神通力	劉名揚編著	130元
⑥神秘奇妙的世界	平川陽一著	180元

・養 生 保 健・電腦編號23

①醫療養生氣功	黃孝寬著	250元

・心 靈 雅 集・電腦編號00

①禪言佛語看人生	松濤弘道著	150元
②禪密教的奧秘	葉逯謙譯	120元
③觀音大法力	田口日勝著	120元
④觀音法力的大功德	田口日勝著	120元
⑤達摩禪106智慧	劉華亭編譯	150元
⑥有趣的佛教研究	葉逯謙編譯	120元
⑦夢的開運法	蕭京凌譯	130元
⑧禪學智慧	柯素娥編譯	130元
⑨女性佛教入門	許俐萍譯	110元
⑩佛像小百科	心靈雅集編譯組	130元
⑪佛教小百科趣談	心靈雅集編譯組	120元
⑫佛教小百科漫談	心靈雅集編譯組	150元

⑬佛教知識小百科	心靈雅集編譯組	150元
⑭佛學名言智慧	松濤弘道著	180元
⑮釋迦名言智慧	松濤弘道著	180元
⑯活人禪	平田精耕著	120元
⑰坐禪入門	柯素娥編譯	120元
⑱現代禪悟	柯素娥編譯	130元
⑲道元禪師語錄	心靈雅集編譯組	130元
⑳佛學經典指南	心靈雅集編譯組	130元
㉑何謂「生」 阿含經	心靈雅集編譯組	130元
㉒一切皆空 般若心經	心靈雅集編譯組	130元
㉓超越迷惘 法句經	心靈雅集編譯組	130元
㉔開拓宇宙觀 華嚴經	心靈雅集編譯組	130元
㉕真實之道 法華經	心靈雅集編譯組	130元
㉖自由自在 涅槃經	心靈雅集編譯組	130元
㉗沈默的教示 維摩經	心靈雅集編譯組	130元
㉘開通心眼 佛語佛戒	心靈雅集編譯組	130元
㉙揭秘寶庫 密教經典	心靈雅集編譯組	130元
㉚坐禪與養生	廖松濤譯	110元
㉛釋尊十戒	柯素娥編譯	120元
㉜佛法與神通	劉欣如編著	120元
㉝悟（正法眼藏的世界）	柯素娥編譯	120元
㉞只管打坐	劉欣如編譯	120元
㉟喬答摩・佛陀傳	劉欣如編著	120元
㊱唐玄奘留學記	劉欣如編譯	120元
㊲佛教的人生觀	劉欣如編譯	110元
㊳無門關（上卷）	心靈雅集編譯組	150元
㊴無門關（下卷）	心靈雅集編譯組	150元
㊵業的思想	劉欣如編著	130元
㊶佛法難學嗎	劉欣如著	140元
㊷佛法實用嗎	劉欣如著	140元
㊸佛法殊勝嗎	劉欣如著	140元
㊹因果報應法則	李常傳編	140元
㊺佛教醫學的奧秘	劉欣如編著	150元
㊻紅塵絕唱	海 若著	130元
㊼佛教生活風情	洪丕謨、姜玉珍著	220元

•經 營 管 理•電腦編號01

◎創新經營六十六大計（精）	蔡弘文編	780元
①如何獲取生意情報	蘇燕謀譯	110元
②經濟常識問答	蘇燕謀譯	130元

③股票致富68秘訣	簡文祥譯	100元
④台灣商戰風雲錄	陳中雄著	120元
⑤推銷大王秘錄	原一平著	100元
⑥新創意・賺大錢	王家成譯	90元
⑦工廠管理新手法	琪　輝著	120元
⑧奇蹟推銷術	蘇燕謀譯	100元
⑨經營參謀	柯順隆譯	120元
⑩美國實業24小時	柯順隆譯	80元
⑪撼動人心的推銷法	原一平著	120元
⑫高竿經營法	蔡弘文編	120元
⑬如何掌握顧客	柯順隆譯	150元
⑭一等一賺錢策略	蔡弘文編	120元
⑯成功經營妙方	鐘文訓著	120元
⑰一流的管理	蔡弘文編	150元
⑱外國人看中韓經濟	劉華亭譯	150元
⑲企業不良幹部群相	琪輝編著	120元
⑳突破商場人際學	林振輝編著	90元
㉑無中生有術	琪輝編著	140元
㉒如何使女人打開錢包	林振輝編著	100元
㉓操縱上司術	邑井操著	90元
㉔小公司經營策略	王嘉誠著	100元
㉕成功的會議技巧	鐘文訓編譯	100元
㉖新時代老闆學	黃柏松編著	100元
㉗如何創造商場智囊團	林振輝編譯	150元
㉘十分鐘推銷術	林振輝編譯	120元
㉙五分鐘育才	黃柏松編譯	100元
㉚成功商場戰術	陸明編譯	100元
㉛商場談話技巧	劉華亭編譯	120元
㉜企業帝王學	鐘文訓譯	90元
㉝自我經濟學	廖松濤編譯	100元
㉞一流的經營	陶田生編著	120元
㉟女性職員管理術	王昭國編譯	120元
㊱ＩＢＭ的人事管理	鐘文訓編譯	150元
㊲現代電腦常識	王昭國編譯	150元
㊳電腦管理的危機	鐘文訓編譯	120元
㊴如何發揮廣告效果	王昭國編譯	150元
㊵最新管理技巧	王昭國編譯	150元
㊶一流推銷術	廖松濤編譯	120元
㊷包裝與促銷技巧	王昭國編譯	130元
㊸企業王國指揮塔	松下幸之助著	120元
㊹企業精銳兵團	松下幸之助著	120元

㊺企業人事管理	松下幸之助著	100元
㊻華僑經商致富術	廖松濤編譯	130元
㊼豐田式銷售技巧	廖松濤編譯	120元
㊽如何掌握銷售技巧	王昭國編著	130元
㊿洞燭機先的經營	鐘文訓編譯	150元
52新世紀的服務業	鐘文訓編譯	100元
53成功的領導者	廖松濤編譯	120元
54女推銷員成功術	李玉瓊編譯	130元
55ＩＢＭ人才培育術	鐘文訓編譯	100元
56企業人自我突破法	黃琪輝編著	150元
58財富開發術	蔡弘文編著	130元
59成功的店舖設計	鐘文訓編著	150元
61企管回春法	蔡弘文編著	130元
62小企業經營指南	鐘文訓編譯	100元
63商場致勝名言	鐘文訓編譯	150元
64迎接商業新時代	廖松濤編譯	100元
66新手股票投資入門	何朝乾　編	180元
67上揚股與下跌股	何朝乾編譯	150元
68股票速成學	何朝乾編譯	180元
69理財與股票投資策略	黃俊豪編著	180元
70黃金投資策略	黃俊豪編著	180元
71厚黑管理學	廖松濤編譯	180元
72股市致勝格言	呂梅莎編譯	180元
73透視西武集團	林谷燁編譯	150元
76巡迴行銷術	陳蒼杰譯	150元
77推銷的魔術	王嘉誠譯	120元
7860秒指導部屬	周蓮芬編譯	150元
79精銳女推銷員特訓	李玉瓊編譯	130元
80企劃、提案、報告圖表的技巧	鄭　汶　譯	180元
81海外不動產投資	許達守編譯	150元
82八百件的世界策略	李玉瓊譯	150元
83服務業品質管理	吳宜芬譯	180元
84零庫存銷售	黃東謙編譯	150元
85三分鐘推銷管理	劉名揚編譯	150元
86推銷大王奮鬥史	原一平著	150元
87豐田汽車的生產管理	林谷燁編譯	150元

・成功寶庫・ 電腦編號02

①上班族交際術	江森滋著	100元
②拍馬屁訣竅	廖玉山編譯	110元

④聽話的藝術	歐陽輝編譯	110元
⑨求職轉業成功術	陳　義編著	110元
⑩上班族禮儀	廖玉山編著	120元
⑪接近心理學	李玉瓊編著	100元
⑫創造自信的新人生	廖松濤編著	120元
⑭上班族如何出人頭地	廖松濤編著	100元
⑮神奇瞬間瞑想法	廖松濤編譯	100元
⑯人生成功之鑰	楊意苓編著	150元
⑱潛在心理術	多湖輝　著	100元
⑲給企業人的諍言	鐘文訓編著	120元
⑳企業家自律訓練法	陳　義編譯	100元
㉑上班族妖怪學	廖松濤編著	100元
㉒猶太人縱橫世界的奇蹟	孟佑政編著	110元
㉓訪問推銷術	黃静香編著	130元
㉕你是上班族中強者	嚴思圖編著	100元
㉖向失敗挑戰	黃静香編著	100元
㉙機智應對術	李玉瓊編著	130元
㉚成功頓悟100則	蕭京凌編譯	130元
㉛掌握好運100則	蕭京凌編譯	110元
㉜知性幽默	李玉瓊編譯	130元
㉝熟記對方絕招	黃静香編譯	100元
㉞男性成功秘訣	陳蒼杰編譯	130元
㊱業務員成功秘方	李玉瓊編著	120元
㊲察言觀色的技巧	劉華亭編著	130元
㊳一流領導力	施義彥編譯	120元
㊴一流說服力	李玉瓊編著	130元
㊵30秒鐘推銷術	廖松濤編譯	120元
㊶猶太成功商法	周蓮芬編譯	120元
㊷尖端時代行銷策略	陳蒼杰編著	100元
㊸顧客管理學	廖松濤編著	100元
㊹如何使對方說Yes	程　羲編著	150元
㊺如何提高工作效率	劉華亭編著	150元
㊼上班族口才學	楊鴻儒譯	120元
㊽上班族新鮮人須知	程　羲編著	120元
㊾如何左右逢源	程　羲編著	130元
㊿語言的心理戰	多湖輝著	130元
51扣人心弦演說術	劉名揚編著	120元
53如何增進記憶力、集中力	廖松濤譯	130元
55性惡企業管理學	陳蒼杰譯	130元
56自我啟發200招	楊鴻儒編著	150元
57做個傑出女職員	劉名揚編著	130元

(58)靈活的集團營運術	楊鴻儒編著	120元
(60)個案研究活用法	楊鴻儒編著	130元
(61)企業教育訓練遊戲	楊鴻儒編著	120元
(62)管理者的智慧	程　義編譯	130元
(63)做個佼佼管理者	馬筱莉編譯	130元
(64)智慧型說話技巧	沈永嘉編譯	130元
(66)活用佛學於經營	松濤弘道著	150元
(67)活用禪學於企業	柯素娥編譯	130元
(68)詭辯的智慧	沈永嘉編譯	130元
(69)幽默詭辯術	廖玉山編譯	130元
(70)拿破崙智慧箴言	柯素娥編譯	130元
(71)自我培育・超越	蕭京凌編譯	150元
(72)深層心理術	多湖輝著	130元
(73)深層語言術	多湖輝著	130元
(74)時間即一切	沈永嘉編譯	130元
(75)自我脫胎換骨	柯素娥譯	150元
(76)贏在起跑點—人才培育鐵則	楊鴻儒編譯	150元
(77)做一枚活棋	李玉瓊編譯	130元
(78)面試成功戰略	柯素娥編譯	130元
(79)自我介紹與社交禮儀	柯素娥編譯	130元
(80)說NO的技巧	廖玉山編譯	130元
(81)瞬間攻破心防法	廖玉山編譯	120元
(82)改變一生的名言	李玉瓊編譯	130元
(83)性格性向創前程	楊鴻儒編譯	130元
(84)訪問行銷新竅門	廖玉山編譯	150元
(85)無所不達的推銷話術	李玉瓊編譯	150元

・處 世 智 慧・ 電腦編號03

①如何改變你自己	陸明編譯	120元
②人性心理陷阱	多湖輝著	90元
④幽默說話術	林振輝編譯	120元
⑤讀書36計	黃柏松編譯	120元
⑥靈感成功術	譚繼山編譯	80元
⑧扭轉一生的五分鐘	黃柏松編譯	100元
⑨知人、知面、知其心	林振輝譯	110元
⑩現代人的詭計	林振輝譯	100元
⑫如何利用你的時間	蘇遠謀譯	80元
⑬口才必勝術	黃柏松編譯	120元
⑭女性的智慧	譚繼山編譯	90元
⑮如何突破孤獨	張文志編譯	80元

⑯人生的體驗	陸明編譯	80元
⑰微笑社交術	張芳明譯	90元
⑱幽默吹牛術	金子登著	90元
⑲攻心說服術	多湖輝著	100元
⑳當機立斷	陸明編譯	70元
㉑勝利者的戰略	宋恩臨編譯	80元
㉒如何交朋友	安紀芳編著	70元
㉓鬥智奇謀（諸葛孔明兵法）	陳炳崑著	70元
㉔慧心良言	亦　奇著	80元
㉕名家慧語	蔡逸鴻主編	90元
㉗稱霸者啟示金言	黃柏松編譯	90元
㉘如何發揮你的潛能	陸明編譯	90元
㉙女人身態語言學	李常傳譯	130元
㉚摸透女人心	張文志譯	90元
㉛現代戀愛秘訣	王家成譯	70元
㉜給女人的悄悄話	妮倩編譯	90元
㉞如何開拓快樂人生	陸明編譯	90元
㉟驚人時間活用法	鐘文訓譯	80元
㊱成功的捷徑	鐘文訓譯	70元
㊲幽默逗笑術	林振輝著	120元
㊳活用血型讀書法	陳炳崑譯	80元
㊴心　燈	葉于模著	100元
㊵當心受騙	林顯茂譯	90元
㊶心・體・命運	蘇燕謀譯	70元
㊷如何使頭腦更敏銳	陸明編譯	70元
㊸宮本武藏五輪書金言錄	宮本武藏著	100元
㊹厚黑說服術	多湖輝著	90元
㊺勇者的智慧	黃柏松編譯	80元
㊼成熟的愛	林振輝譯	120元
㊽現代女性駕馭術	蔡德華著	90元
㊾禁忌遊戲	酒井潔著	90元
㊾摸透男人心	劉華亭編譯	80元
㊾如何達成願望	謝世輝著	90元
㊾創造奇蹟的「想念法」	謝世輝著	90元
㊾創造成功奇蹟	謝世輝著	90元
㊾男女幽默趣典	劉華亭譯	90元
㊾幻想與成功	廖松濤譯	80元
㊾反派角色的啟示	廖松濤編譯	70元
㊾現代女性須知	劉華亭編著	75元
㊾機智說話術	劉華亭編譯	100元
㊾如何突破內向	姜倩怡編譯	110元

⑭讀心術入門　王家成編譯　100元
⑮如何解除內心壓力　林美羽編著　110元
⑯取信於人的技巧　多湖輝著　110元
⑰如何培養堅強的自我　林美羽編著　90元
⑱自我能力的開拓　卓一凡編著　110元
⑳縱橫交涉術　嚴思圖編著　90元
㉑如何培養妳的魅力　劉文珊編著　90元
㉒魅力的力量　姜倩怡編著　90元
㉓金錢心理學　多湖輝著　100元
㉔語言的圈套　多湖輝著　110元
㉕個性膽怯者的成功術　廖松濤編譯　100元
㉖人性的光輝　文可式編著　90元
㉘驚人的速讀術　鐘文訓編譯　90元
㉙培養靈敏頭腦秘訣　廖玉山編著　90元
⑳夜晚心理術　鄭秀美編譯　80元
㉛如何做個成熟的女性　李玉瓊編著　80元
㉜現代女性成功術　劉文珊編著　90元
㉝成功說話技巧　梁惠珠編譯　100元
㉞人生的真諦　鐘文訓編譯　100元
㉟妳是人見人愛的女孩　廖松濤編著　120元
㊲指尖・頭腦體操　蕭京凌編譯　90元
㊳電話應對禮儀　蕭京凌編著　90元
㊴自我表現的威力　廖松濤編譯　100元
㊵名人名語啟示錄　喬家楓編著　100元
㊶男與女的哲思　程鐘梅編譯　110元
㊷靈思慧語　牧　風著　110元
㊸心靈夜語　牧　風著　100元
㊹激盪腦力訓練　廖松濤編譯　100元
㊺三分鐘頭腦活性法　廖玉山編譯　110元
㊻星期一的智慧　廖玉山編譯　100元
㊼溝通說服術　賴文琇編譯　100元
㊽超速讀超記憶法　廖松濤編譯　120元

・健康與美容・電腦編號04

①B型肝炎預防與治療　曾慧琪譯　130元
③媚酒傳（中國王朝秘酒）　陸明主編　120元
④藥酒與健康果菜汁　成玉主編　150元
⑤中國回春健康術　蔡一藩著　100元
⑥奇蹟的斷食療法　蘇燕謀譯　110元
⑧健美食物法　陳炳崑譯　120元

⑨驚異的漢方療法	唐龍編著	90元
⑩不老強精食	唐龍編著	100元
⑪經脈美容法	月乃桂子著	90元
⑫五分鐘跳繩健身法	蘇明達譯	100元
⑬睡眠健康法	王家成譯	80元
⑭你就是名醫	張芳明譯	90元
⑮如何保護你的眼睛	蘇燕謀譯	70元
⑯自我指壓術	今井義睛著	120元
⑰室內身體鍛鍊法	陳炳崑譯	100元
⑲釋迦長壽健康法	譚繼山譯	90元
⑳腳部按摩健康法	譚繼山譯	120元
㉑自律健康法	蘇明達譯	90元
㉓身心保健座右銘	張仁福著	160元
㉔腦中風家庭看護與運動治療	林振輝譯	100元
㉕秘傳醫學人相術	成玉主編	120元
㉖導引術入門(1)治療慢性病	成玉主編	110元
㉗導引術入門(2)健康・美容	成玉主編	110元
㉘導引術入門(3)身心健康法	成玉主編	110元
㉙妙用靈藥・蘆薈	李常傳譯	90元
㉚萬病回春百科	吳通華著	150元
㉛初次懷孕的10個月	成玉編譯	100元
㉜中國秘傳氣功治百病	陳炳崑編譯	130元
㉞仙人成仙術	陸明編譯	100元
㉟仙人長生不老學	陸明編譯	100元
㊱釋迦秘傳米粒刺激法	鐘文訓譯	120元
㊲痔・治療與預防	陸明編譯	130元
㊳自我防身絕技	陳炳崑編譯	120元
㊴運動不足時疲勞消除法	廖松濤譯	110元
㊵三溫暖健康法	鐘文訓編譯	90元
㊷維他命C新效果	鐘文訓譯	90元
㊸維他命與健康	鐘文訓譯	120元
㊺森林浴—綠的健康法	劉華亭編譯	80元
㊼導引術入門(4)酒浴健康法	成玉主編	90元
㊽導引術入門(5)不老回春法	成玉主編	90元
㊾山白竹（劍竹）健康法	鐘文訓譯	90元
㊿解救你的心臟	鐘文訓編譯	100元
(51)牙齒保健法	廖玉山譯	90元
(52)超人氣功法	陸明編譯	110元
(53)超能力秘密開發法	廖松濤譯	80元
(54)借力的奇蹟(1)	力拔山著	100元
(55)借力的奇蹟(2)	力拔山著	100元

⑯五分鐘小睡健康法　呂添發撰　100元
⑰禿髮、白髮預防與治療　陳炳崑撰　100元
⑱吃出健康藥膳　劉大器著　100元
⑲艾草健康法　張汝明編譯　90元
⑳一分鐘健康診斷　蕭京凌編譯　90元
㉑念術入門　黃静香編譯　90元
㉒念術健康法　黃静香編譯　90元
㉓健身回春法　梁惠珠編譯　100元
㉔姿勢養生法　黃秀娟編譯　90元
㉕仙人瞑想法　鐘文訓譯　120元
㉖人蔘的神效　林慶旺譯　100元
㉗奇穴治百病　吳通華著　120元
㉘中國傳統健康法　靳海東著　100元
㉙下半身減肥法　納他夏・史達賓著　110元
㉚使妳的肌膚更亮麗　楊　皓編譯　100元
㉛酵素健康法　楊　皓編譯　120元
㉝腰痛預防與治療　五味雅吉著　100元
㉞如何預防心臟病・腦中風　譚定長等著　100元
㉟少女的生理秘密　蕭京凌譯　120元
㊱頭部按摩與針灸　楊鴻儒譯　100元
㊲雙極療術入門　林聖道著　100元
㊳氣功自療法　梁景蓮著　100元
㊴大蒜健康法　李玉瓊編譯　100元
㊵紅蘿蔔汁斷食療法　李玉瓊譯　120元
㊶健胸美容秘訣　黃靜香譯　100元
㊷鍺奇蹟療效　林宏儒譯　120元
㊸三分鐘健身運動　廖玉山譯　120元
㊹尿療法的奇蹟　廖玉山譯　120元
㊺神奇的聚積療法　廖玉山譯　120元
㊻預防運動傷害伸展體操　楊鴻儒編譯　120元
㊼糖尿病預防與治療　石莉涓譯　150元
㊽五日就能改變你　柯素娥譯　110元
㊾三分鐘氣功健康法　陳美華譯　120元
㊿痛風劇痛消除法　余昇凌譯　120元
91道家氣功術　早島正雄著　130元
92氣功減肥術　早島正雄著　120元
93超能力氣功法　柯素娥譯　130元
94氣的瞑想法　早島正雄著　120元

•家庭／生活• 電腦編號05

①單身女郎生活經驗談	廖玉山編著	100元
②血型•人際關係	黃靜編著	120元
③血型•妻子	黃靜編著	110元
④血型•丈夫	廖玉山編譯	130元
⑤血型•升學考試	沈永嘉編譯	120元
⑥血型•臉型•愛情	鐘文訓編譯	120元
⑦現代社交須知	廖松濤編譯	100元
⑧簡易家庭按摩	鐘文訓編譯	150元
⑨圖解家庭看護	廖玉山編譯	120元
⑩生男育女隨心所欲	岡正基編著	120元
⑪家庭急救治療法	鐘文訓編著	100元
⑫新孕婦體操	林曉鐘譯	120元
⑬從食物改變個性	廖玉山編譯	100元
⑭藥草的自然療法	東城百合子著	200元
⑮糙米菜食與健康料理	東城百合子著	元
⑯現代人的婚姻危機	黃　靜編著	90元
⑰親子遊戲　0歲	林慶旺編譯	100元
⑱親子遊戲　1～2歲	林慶旺編譯	110元
⑲親子遊戲　3歲	林慶旺編譯	100元
⑳女性醫學新知	林曉鐘編譯	130元
㉑媽媽與嬰兒	張汝明編譯	150元
㉒生活智慧百科	黃　靜編譯	100元
㉓手相•健康•你	林曉鐘編譯	120元
㉔菜食與健康	張汝明編譯	110元
㉕家庭素食料理	陳東達著	140元
㉖性能力活用秘法	米開•尼里著	130元
㉗兩性之間	林慶旺編譯	120元
㉘性感經穴健康法	蕭京凌編譯	110元
㉙幼兒推拿健康法	蕭京凌編譯	100元
㉚談中國料理	丁秀山編著	100元
㉛舌技入門	增田豐　著	130元
㉜預防癌症的飲食法	黃靜香編譯	150元
㉝性與健康寶典	黃靜香編譯	180元
㉞正確避孕法	蕭京凌編譯	130元
㉟吃的更漂亮美容食譜	楊萬里著	120元
㊱圖解交際舞速成	鐘文訓編譯	150元
㊲觀相導引術	沈永嘉譯	130元
㊳初為人母12個月	陳義譯	130元

國立中央圖書館出版品預行編目資料

高雅女性裝扮學／渡邊雪三郎著；陳珮玲譯
--初版 --臺北市：大展，民83
面； 公分 --（婦幼天地；22）
譯自：気品める女性のおしせれ学
ISBN 957-557-457-5（平裝）

1. 女裝 2. 服飾

423.23 83005904

ISBN 957-557-457-5

高雅女性裝扮學

原著者／渡邊雪三郎
編譯者／陳 珮 玲
發行人／蔡 森 明
出版者／大展出版社有限公司
社 址／台北市北投區（石牌）
致遠一路二段12巷1號
電 話／（02）8236031・8236033
傳 眞／（02）8272069
郵政劃撥／0166955－1
登記證／局版臺業字第2171號

法律顧問／劉 鈞 男 律師
承印者／國順圖書印刷公司
裝 訂／日新裝訂所
排版者／千賓電腦打字有限公司
電 話／（02）8836052
初 版／1994年（民83年）8月
定 價／180元

大展好書
好書大展